五南出版

輻射安全
Radiation Safety

蔡嘉一　編著

五南圖書出版公司 印行

重大協會自 2007 年起與加拿大合作，於國內進行核生化因應人員訓練計畫「CBRN Responders Training Program——Technician Level（核生化因應員訓練 —— 技術員級）」，計畫教材為加拿大國防部所開發；作者經其授權將教材中譯，作為國內訓練教材。

本書係依據上述教材中有關放射性物料章節編譯，同時也取材自《Special Operations for Terrorism and Hazmat Crimes》以及列於本書後之參考資料，使內容聚焦於考試院之「環境衛生輻射污染」的安全管理領域，並介紹我國輻射防護相關法規。全書共分九章，每章後面備有習題與歷年國考考題，有助於讀者了解課文與準備證照考試之用。

本書內容包括下列議題：

- 放射性物料之危害類別、特性與特點。
- 游離輻射之風險與生物效應。
- 輻射防護技術。
- 輻射偵測技術。
- 輻射事故因應技術。
- 輻射除污技術。
- 證據與取樣管理。

本書初稿承吳家維教授（仁德醫護管理專科學校）、戴華山教授

（高雄第一科技大學）與陳維峰簡任技正（中研院）之審閱，謹此誌謝。我更要感謝鄧家基教授與夏聰惠教授的安排，能於東南科大講授「輻射安全」，促成本書之完成。

　　最後感謝消防署江濟人副署長賜序！我也要感謝重大協會徐瑞悦小姐之全力參與本書之編譯與製圖。

蔡嘉一 Ph.D.

台灣重大工業意外防治協會理事長

東南科技大學環工系副教授（兼）

國立中山大學環工所副教授（兼）

前加拿大環境部環境緊急應變官（Environmental Emergency Officer）

廢棄物管理工程師（Waste Management Engineer）

2014 年 4 月 15 日

　　我認識蔡嘉一博士已十多年，對他助進我國與加拿大間的核生化（CBRN）反恐因應員訓練之熱心，表示感謝。2007 年台灣重大工業意外防治協會與加拿大國防部反恐技術中心特別規劃「CBRN 反恐因應員訓練課程」，並於同年在行政院國土安全辦公室的指導下，特邀該中心二位反恐技術官員來台，講授該訓練課程（專家級），共計 57 位來自國內各政府單位（國土安全辦公室、警政署、消防署、環保署……）的學員接受此項訓練。迄今先後於 2007 年、2008 年、2009 年、2011 年共計 255 位完成 CBRN 不同等級之因應員訓練。自從日本福島核電廠事故後，有關輻射偵檢、飲食、醫療、安全防護和緊急計畫災情相關訊息服務、以及複合災害等議題，廣受重視，因此我樂見本書《輻射安全》之出版。

　　蔡嘉一博士台大土木研究所畢業，加拿大西安大略大學與多倫多大學研究，美國州立 Akron 大學環工博士。曾任職行政院衛生署環境衛生處技正、加拿大聯邦政府環境部環境緊急應變官，負責 Alberta、Manitoba、Saskatchewan 等三省環境緊急應變工作。深信本書之出版將有助於放射性物料環境污染與恐怖行為之防護和因應。

江濟人

內政部消防署副署長

2014 年 9 月 12 日

目　錄

第 1 章　輻射性（Radioactivity）　　1

1.1　一般說明　　2

1.2　輻射線型態（Type of Radiation）　　3

　1.2.1　α輻射（Alpha Radiation）　　4

　1.2.2　β輻射（Beta Radiation）　　5

　1.2.3　γ輻射（Gamma Radiation）　　6

　1.2.4　中子（Neutrons）　　7

　1.2.5　X射線（X-Ray）　　7

1.3　游離輻射與物料之作用（Interactions of Ionizing Radiation with Matter）　　8

1.4　輻射單位（Radiation Unit）　　8

　1.4.1　活度與劑量（Activity and Dose）　　9

1.5　同位素、能量、半衰期（Isotopes、Energies and Half Life）　12

第 2 章　風險與生物效應（Risk and Biological Effects）　　23

2.1　一般說明　　24

2.2 游離輻射對身體的效應（Effects of Ionizing Radiation on the Body） 25

    2.2.1 早期效應（Early Effects） 28

    2.2.2 長期效應（Long-term Effects） 29

2.3 健康效應種類（Types of Health Effects） 29

    2.3.1 機率效應（Stochastic Effect） 30

    2.3.2 確定效應（Deterministic Effect） 33

2.4 什麼是安全？（What is Safe?） 35

2.5 結論 37

第 3 章　游離輻射源（Sources of Ionizing Radiation） 41

3.1 一般說明 42

3.2 自然背景輻射源（Natural Background Radiation） 43

3.3 人造輻射源（Artificial Sources of Radiation） 45

    3.3.1 密封射源（Sealed Sources） 46

    3.3.2 非密封射源（Unsealed Sources） 48

    3.3.3 核電廠（Unclear Power Stations） 49

    3.3.4 故意置放的射源與髒彈（Planting Sources & Dirty Bombs） 52

第 4 章　輻射防護（Radiation Protection）　59

4.1　一般說明　60

4.2　輻射防護策略（Radiation Protection Strategy）　61

　　4.2.1　外部防護──TDS技術應用　63

　　4.2.2　內部輻射危害（Internal Radiation Hazards）　68

4.3　ALARA（合理抑低）　71

4.4　緊急時之劑量管制（Regulated Doses）　71

第 5 章　游離輻射量度（Measuring Ionizing Radiation）　79

5.1　一般說明　80

5.2　儀器如何運作？（How an Instrument Works?）　81

　　5.2.1　一般輻射儀器說明　82

5.3　偵檢器的類別（Types of Detectors）　83

　　5.3.1　充氣式偵檢器（Gas Filled Chambers Detector）　84

　　5.3.2　閃爍偵檢器（Scintillation Detector）　88

　　5.3.3　半導體偵檢計（Semiconductor Detector）　89

　　5.3.4　中子偵檢計（Neutron Detector）　90

5.4　操作前檢查（Pre-Operational Check）　90

5.5　輻射儀器類別（Typs of Radiation Instruments）　91

　　5.5.1　γ 劑量率儀器（Gamma Dose Rate Instrument）　91

5.5.2　污染調查計（Contamination Survey Meter）　　92

5.5.3　員工警報劑量計（Personal Alarming Dosimeters）　92

5.5.4　輻射呼叫器（Radiation Pager）　　92

5.5.5　商業化輻射監測儀（Commercial Radiation Monitor）　93

第 6 章　輻射監測技術（Radiation Monitoring Techniques）　　103

6.1　一般說明　　104

6.2　執行輻射調查（Performing a Radiation Survey）　　105

　6.2.1　γ 輻射調查技術（Gamma Radiation Survey Techniques）　　106

6.3　污染調查技術（Contamination Survey Techniques）　　108

　6.3.1　直接調查技術（Direct Survey Technique）　　108

　6.3.2　間接污染量度（Indirect Contamination Measurement）　　109

　6.3.3　監測結果的建檔　　110

6.4　我國法規──環境輻射監測準則　　111

第 7 章　輻射事故和現場管制（Radiation Incidents and Scene Control）　　117

7.1　一般說明　　118

　7.1.1　大陸放射源事故概況　　119

7.2 潛在污染病人之處置（Handling of Potentially Contaminated Patients） **121**

    7.2.1 START 檢傷模式（Simple Triage and Rapid Treatment） **122**

7.3 檢查人員與工具輻射污染（Checking Personnel and Equipment for Radiation） **126**

7.4 於輻射區作業（Working in Radiation Areas） **126**

7.5 安全撤出之劑量率（Safe Back-Out Dose Rate） **128**

7.6 偵察與清潔／污染線（RECCE and the Clean/Dirty Line） **129**

7.7 建立熱區（Establishing the Hot Zone） **131**

7.8 射源回收（Source Retrieval and Recovery Techniques） **133**

第 8 章　除污（Decontamination）　137

8.1 一般說明 **138**

8.2 除污程序（Decontamination Process） **139**

    8.2.1 預除污站（Pre-decontamination Station） **140**

    8.2.2 除污（Decontamination） **141**

    8.2.3 工具（Equipment） **146**

    8.2.4 除污管制（Decontamination Control） **146**

    8.2.5 事故後之除污（Post-Incident Decontamination） **147**

    8.2.6 二次污染源（Sources of Secondary (Cross) Contamination） **148**

8.2.7　污染傷患管制（Control of Contaminated Casualty）

148

8.3　輻射除污程序（Radiation Decontamination Process）　**149**

8.3.1　預除污（Pre-Decontamination）　**149**

8.3.2　終除污（Final Decontamination）　**151**

8.3.3　工具（Equipment）　**153**

8.3.4　輻射污染之處置與清理（Handling and Cleaning of
　　　　Radioactive Contamination）　**153**

8.4　除污溶液（Decontamination Solutions）　**154**

第9章　證據與取樣管理（Evidence & Sampling Management）　163

9.1　一般說明　**164**

9.1.1　證據蒐集（Evidence Collection）　**164**

9.2　筆記製作（Note Taking）　**166**

9.2.1　你的筆記內容是什麼？（What Belongs in Your Note?）

166

9.2.2　選擇一本筆記簿（Choosing a Notebook）　**167**

9.2.3　於法庭程序上使用筆記簿（Use of Notes at Legal
　　　　Proceedings）　**167**

9.3　證據管理（Evidence Management）　**168**

9.3.1　犯罪現場之職責（Crime Scene Responsibility）　**168**

9.3.2　法規上和科學上的要求（Legal and Scientific

　　　　Requirements） 169

　　9.3.3　證明（Proof） 169

9.4　試樣種類（Types of Samples） **170**

　　9.4.1　快速之試樣（Expedient Samples） 171

　　9.4.2　分析之試樣（Analytical Sample） 172

9.5　包裝與運輸（Packaging and Transportation） **173**

附錄

　　附錄1　嚴重污染環境輻射標準 181

　　附錄2　TDS技術 187

　　附錄3　游離輻射防護法 191

　　附錄4　輻射工作場所管理與場所外環境輻射監測準則 213

　　附錄5　游離輻射防護安全標準 221

　　附錄6　因應員之角色——認知級、操作級、技術員級 229

　　附錄7　核生化複合災害呼吸防護具認證簡介 237

參考資料 251

索　引 253

第 1 章

輻射性
（Radioactivity）

1.1　一般說明

1.2　輻射線型態（Type of Radiation）

1.3　游離輻射與物料之作用（Interactions of Ionizing Radiation with Matter）

1.4　輻射單位（Radiation Unit）

1.5　同位素、能量、半衰期（Isotopes、Energies and Half Life）

1.1　一般說明

　　輻射性（radioactivity）是一種自然的、自發的過程，元素中不穩定的原子以粒子或電磁波（electromagnetic waves）的型態釋放多餘的能量。這些釋放（emission）統稱游離輻射；結果產生另一種具能量較低的相同原子，或原子核完全不相同的原子。

　　自然輻射現象最早被發現於 1896 年。自然輻射性一旦被找到和分離，便被使用於醫療和研究目的上。一直到 1895 年 X 射線管的發明前，人類只知道自然輻射線的存在；然而在發現 X 射線後不久，科學家與物理學家也了解到游離輻射的危害，發現曝露於大劑量時，會對活的組織產生致命之效應。

　　儘管從輻射的使用可衍生諸多益處，很多人仍對它，以及其對健康和日常生活產生的效應感到憂慮。雖然部份對輻射的擔憂有他的道理，但仍然有諸多的恐慌是由於資訊的不足或錯誤所引起的。

　　管理一項危險（danger），首要之務是去了解危害（hazard）的本質。換句話說，要了解「那是什麼？它如何作用？」，此即為本章之重點。

　　本章之目的在於說明：

- 放射性物料之危害類別。
- 游離輻射之特性與特點。
- 活性與劑量單位。
- 放射性同位素、半衰期（註一）。

1.2 **輻射線型態**（Type of Radiation）

放射性核種不論是自然產生或透過核反應人工合成的，都呈不穩定狀態，它會藉由放出高能量粒子後，而逐漸穩定——即所謂衰變過程。輻射就是指原子將其能量（energy），以粒子或電磁波的型態釋放的現象，放射性物料則是指含有放射性（輻射性）原子。輻射有二類：游離（ionizing）與非游離（non-ionizing）輻射；二者間之區別在於其輻射能量大小。

非游離輻射——係指輻射能量，雖足以移動分子內的原子或導致其震動，卻不足以移除其上之電子；例如聲波、可見光、微波、紅外線輻射與紫外線輻射；它們不具有足夠能量去把與其接觸的原子加予離子化。（US EPA）

游離輻射——係指輻射具有足夠能量去移除與原子緊緊結合在一起的電子，產生離子（ion）。由於原子上的電子被移走，破壞了化學鍵，導致原子內起化學改變。這種從原子移走電子的過程就是所謂離子化（ionizing）。游離輻射的例子包括：α 射線（alpha）、β 射線（beta）、中子射線（neutron）、γ 射線（gamma）和 X 射線。游離輻射就是一般人所講的輻射，我們利用它的特性去產生電力，可以殺死癌細胞以及應用於諸多製程上。但另一方面，也因這種特性，若曝露於低程度之游離輻射，短程上或長程上可能會導致人體細胞改變之潛在危害效應，例如癌和白血病（leukemia）。（US EPA）

游離輻射需要我們特別的注意，是因為每一種型式的游離輻射都有其不同之特性，重要的區別方式是在於其可穿入不同物質的深度（圖 1-1）；這一點特別重要，因為我們可以據此決定，如何針對每

一型態的輻射採取適當防護。α 粒子、β 粒子和 γ 射線可能是來自於自然界，也可能是科技活動所產生的。

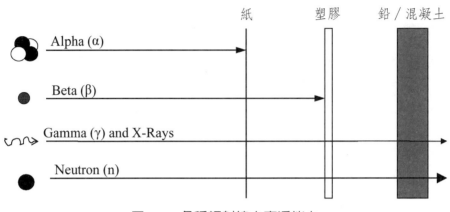

圖 1-1　各種輻射線之穿透能力

1.2.1　α 輻射（Alpha Radiation）

α 粒子是很大、很重的次原子粒子（sub-atomic particle），有兩個中子、兩個質子，帶雙正電（圖 1-2）。它們能與物質起很強的作用，沿其移動路徑造成強離子化（ionization），結果 α 粒子快速喪失其能量，使得其穿入物質能力受到極大的限制。α 射線來自較重的原子核的衰變，例如 Ra（鐳）衰變到 Rn（氡）的過程。圖 1-2 說明放射性核種釋放 α 粒子後，所形成的子核種的原子序數比母核種的原子序數小 2。

就輻射防護的觀點而言，只要數公分寬的空氣層、一張紙（圖 1-1）或甚至我們皮膚外面的一層保護性死皮，就可以把 α 粒子阻擋下來。就是因為這種有限的穿透能力，身體外部的 α 射源並不造成輻

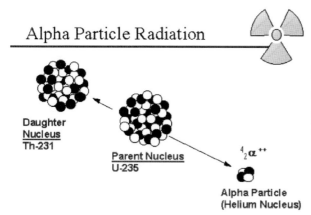

helium nucleus：氦核
daughter nucleus：子核
parent nucleus：母核
Th–231：釷
U–235：鈾

圖 1-2　α 粒子輻射

射危害。但是當 α 射源被攝入人體內，就會成為一種人體內部輻射危害；一旦它接觸或靠近活體器官，就會造成傷害。

1.2.2　β 輻射（Beta Radiation）

β 粒子來自原子核的放射衰變，是小的、輕的次原子粒子；可能帶正電或負電（圖 1-3）。β 粒子比 α 粒子穿入組織更深；沿移動路徑，其游離化原子（ionizing atom）的速率一般較 α 粒子為小，因此就同長度之移動路徑而言，其造成之損害較 α 粒子為小（NFPA472）。人類會曝露到的 β 粒子，多半來自製造源與自然源，例如氚（tritium）、碳（C–14）、鍶（Sr–90）。充分能量的 β 輻射能穿入人體皮膚外部死皮，到達下面的活組織（tissue），然而它通常不會穿越皮膚到達內部器官（organ）。β 粒子如經由呼吸道或消化道進入人體，更具危害性，因此 β 輻射被認為是一種外部、同時也是內部的輻射危害。

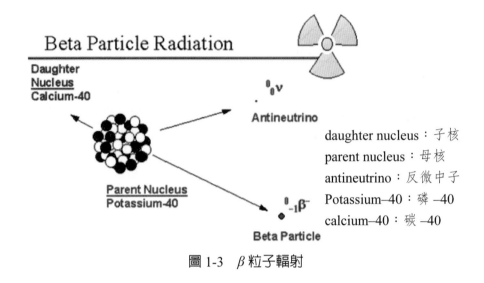

daughter nucleus：子核
parent nucleus：母核
antineutrino：反微中子
Potassium–40：磷 –40
calcium–40：碳 –40

圖 1-3　β 粒子輻射

　　β 粒子能在空氣中移動相當長的距離（20 英呎），但一般只要一層衣服、一張三合板或塑膠布、或數 mm 厚（< 0.08 英吋）的鋁，就可以把它阻擋下來（圖 1-1）。（NFPA472）

1.2.3　γ 輻射（Gamma Radiation）

　　γ 輻射與 X 射線基本上是相同的東西，它們是高能量的電磁波（圖 1-4），以光速移動。能在空氣中移動一段長距離，且其穿透性很強（圖 1-1），但當其在移動路徑與原子作用，就會很快地失去能量。當 γ 射線通過物質，可能會被分散和吸收。人類曝露於 γ 粒子，自然源為 P–40（磷）；人造源包括 Pu–239（鈈）與 Cs–137（銫）。

　　γ 射線容易完全穿過人體或被組織（tissue）所吸收，與身體細胞作用、傷害皮膚或內部組織。鉛（50 mm）、混凝土（0.6 m）和其他

重的物質可用來阻擋 γ 輻射。（NFPA472）

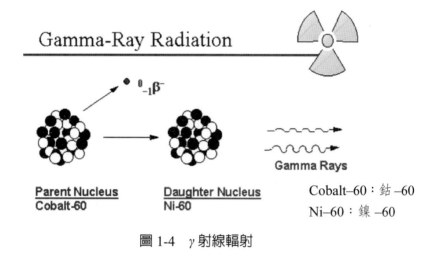

圖 1-4　γ 射線輻射

1.2.4　中子（Neutrons）

中子是一種超高能量的粒子，其物理質量如同 α 粒子或 β 粒子，但不帶電。核分裂反應產生中子，並伴隨 γ 輻射；因此中子通常祇發生於核子反應器附近或非常特殊的人造中子源附近（見第 3.3.3 節 核電廠）。中子輻射於現場很難測得，通常用 γ 測值來估計。

中子穿透力極強，能穿透皮膚和內部器官。可用混凝土、水或石蠟等阻隔物，將中子輻射線阻擋下來。

1.2.5　X 射線（X-Ray）

係由帶電粒子與物質作用產生之高能量之光子（photon）。X 射線與 γ 射線基本上是具相同特性，但產生之源頭不同；X 射線是出自

核外之反應過程，然而 γ 射線來自核內之反應過程。

　　X 射線之能量較 γ 射線低，因此穿透力不如 γ 射線，幾 mm 厚（< 0.08 英吋）的鉛，就能將醫療用之 X 射線阻擋下來。

1.3　**游離輻射與物料之作用**（Interactions of Ionizing Radiation with Matter）

　　當游離輻射與物料作用，它會轉移能量到物料上。雖然游離輻射有很多方法將其能量轉移到物質上，但從輻射防護的觀點來講，最重要的是所謂「離子化」（ionization），因此才被稱之為游離輻射（ionizing radiation）。這種型態的輻射，會對人體內的細胞造成傷害；導致這些細胞可能會死亡、不再有能力製造蛋白質或變成癌性。游離輻射的型式和能量（表 1-3），以及身體之曝露部位，決定了人體的傷害程度。

1.4　**輻射單位**（Radiation Unit）

　　有數種單位用來敘述「活度」（activity）和「劑量」（dose）（表 1-1）。任何量度都要使用正確的單位，尤其是當傳達信息給其他因應員（responder）或機構時，更加重要。我國法規是用國際系統單位（International System of Units，SI unit）。在加拿大，所用的是 SI 系統單位；雖然如此，仍然有一些英制單位（imperial unit）也尚在使用中。

1.4.1 活度與劑量（Activity and Dose）

「活度」係指放射性物質（核種）之量（amount）。當我們說一個物件（object）有多少放射性物質時，我們用「活度」來表示，其單位為貝克（bacquerels，Bq）與居里（curies，Ci）。放射性物質每秒自發衰變一次為一貝克。「貝克」代表小活度，而「居里」代表大活度（表 1-1）。

「劑量」係指一個人（或某些其他東西）接受／吸收多少輻射能量或其當量。當我們想說某人已曝露於多少輻射以及它的潛在傷害時，我們用「劑量」來表示。

貝克（**Bq**）／居里（**Ci**）

最不複雜的活度「單位」是以每秒衰變的數目（number of disintegration per sec，dps）來量測活度。一個「dps」表示平均每秒有一個放射性原子核將轉變或衰退；於國際單位系統上（SI），這個單位叫著貝克（Becquerel，Bq）（註二），它相當於一個「dps」。「Bq」的前身是「居里」（Curie，Ci），它們關係如下：

表 1-1　活度、劑量單位		
量度	國際單位（SI unit）	英制單位（Imperial unit）
活度	1 貝克（Bq）	居里（Ci） 1 Ci = 3.73×10^{10} Bq
劑量★	1 西弗（Sv）	侖目（rem） 1 rem = 0.01 Sv

註：★考量生物效應（參考圖 1-5）

- Bq（貝克）＝ 1 衰變／秒
- Ci（居里）＝ 3.73×10^{10} 衰變／秒 ＝ 3.73×10^{10} Bq（貝克）

　　這些單位可量測輻射源之輻射線放出來的速率，但並不考量放出來之輻射線特性。在加拿大，「活度」的法定單位是貝克（Bq）；雖然如此，他們仍然常常使用「居里」作為單位。

雷得（Rad）

　　雷得（Rad）使用於量測某物件吸收多少的輻射能（圖 1-5）；1 個雷得等於 100 erg/g。這個單位適用於任何物件和任何型態之輻射，它不考量人體之生物效應，亦即不同之輻射型態，對人體之影響亦異；例如 1 雷得（Rad）的 α 射線對人體的傷害程度，為 1 雷得（Rad）的 γ 射線之 20 倍（見第二章表 2-7）。輻射能之國際單位（SI Unit）為戈雷（Gray，Gy）：

$$1 \text{ 戈雷（Gy）} = 100 \text{ 雷得（Rad）。}$$

侖目（rem）

　　侖目（Roentgen Equivalent in Man，rem）用來表示人體所吸收之劑量當量數（absorbed dose equivalent）（圖 1-5）；適用於任何型態之輻射。這個單位不但考量所吸收之能量數（rad），也考量不同輻射型態之生物效應；因此 US EPA（美國環保署）把它拿來作為設定緊急因應人員之劑量參數（表 1-2）。在美國，自然源與人為源輻射曝露，平均每年每人接收有效劑量當量大約為 360 rem。

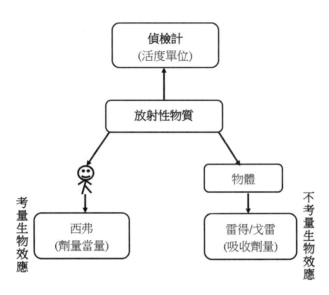

圖 1-5　輻射曝露與量測單位

表 1-2　U.S. EPA 因應員輻射曝露限值規範		
劑量限值 （Dose Limit）	執行之活動 （Activity Performed）	條件 （Condition）
5 rem	執行所有活動	
10 rem	保護重要建築物	再低的劑量限值不合乎實務
25 rem	搶救生命或保護廣大民眾	再低的劑量限值不合乎實務
> 25 rem	搶救生命或保護廣大民眾	因應員任務之進行應是自願性的；且完全知其所涉及之風險

註：1 Sv ＝ 100 rem。

資料來源：US EPA Guidelines for Emergency Exposures at Radioactive Incidents

西弗（Sv）

劑量當量（或謂等效劑量 dose equivalent）的國際單位（SI Unit）為西弗（Sievert，Sv），是用來量度人體活組織（tissue），所受的輻射傷害風險；此單位考量了各種輻射參數（能量、型態等）（圖 1-5）。西弗與侖目關係如下：

$$1\ 西弗 = 100\ 侖目$$

1 毫西弗／年表示於一年內所接受之輻射劑量當量為 1 個毫西弗。在台灣地區，每人接受到的自然背景輻射劑量約為 $0.1\mu Sv/h$；每年平均接收到約為 2.1 毫西弗（mSv），其中來自外太空的約為 0.35 毫西弗；加拿大人約為 2～4 毫西弗。照一次胸部 X 光的劑量則約 0.2 毫西弗。

台灣地區的自然背景輻射劑主要來源為氡（Rn–222）；而人為輻射劑量主要來自醫療輻射。聯合國報告指出，全世界一般人每年所接收之天然背景輻射約為 2.4 mSv。

1.5　同位素、能量、半衰期（Isotopes 、 Energies and Half Life）

元素的同位素（isotopes）是指有相同原子序數（atomic number），亦即相同的質子數，但不同質量之原子。這是因為它們雖然有相同的原子核（nuclide），但所含之中子（neutron）數不同。

　　具放射性之同位素就是所謂放射性同位素（radioisotopes），例如氫元素有三個同位素——氫（hydrogen）、氘（deuterium）、氚（tritium）；H–3（氚）具放射性。氫元素的原子序數是 1，然而 H–3（氚）有二個中子，H–2（氘）只有一個中子，但 H–1（氫）沒有中子。

　　任何放射性同位素，都有三個重要特性—— (1) 半衰期（half life）、(2) 所放出之輻射型態、(3) 輻射線的能量（energy）（表 1-3）。放射性同位素的潛在危害，主要來自於其所發出的輻射型態和輻射的能量。前面已討論過四種主要的輻射型態（α、β、γ、neutron），以及它們的穿透能力。

能量

　　能量是用電子伏特（electron volts，eV）來表示；它是用來量度游離輻射粒子或 γ 射線的穿透能力。這個數值越大，表示粒子或 γ 射線的穿透能力越大。

　　於真空中，一個電子（e^-）在 1 伏特（V）的電位差所獲得的動能為 1eV（電子伏）：

$$1 \text{ eV} = 1.601 \times 10^{-19} \text{ Joules（焦耳）} = 1.601 \times 10^{-12} \text{ergs（爾格）}$$

半衰期

　　半衰期（half life）是用來量度一個同位素衰變之速率。每一次一個放射性同位素放出輻射，表示它正在衰退中，正轉變成另一個可能不再或仍然具放射性的同位素。如果我們從固定原子數目的某特定放射性同位素開始，它最終將完全衰退掉。

　　半衰期的單位是以時間來表示；一個半衰期係指放射性物料之活度經由衰變，降到原來的一半所需之時間。一個有用的記憶法則是，每經過 10 個半衰期，輻射源將衰退到其原來活度的 0.1%；換句話說，現在輻射源的活度是原來活度的 1 /1000 而已。

　　假設 γ 釋放物的半衰期為 24 小時，今有讀數為 100 mR /hr 的 γ 釋放物，在經過 24 小時後，其讀數將降到 50 mR/hr；再經 24hr，降到 25 mR/hr；再另一個 24 小時，就進一步降為 12.5 mR/hr。如果我們再等待幾天，才去清除污染工具，可大大減少安全風險。表 1-3 列出一些常見的同位素，及其主要放出之輻射線、能量和半衰期。

　　Cs–137（銫）半衰期高達 30 年（表 1-3），常見在食物中被檢出，因此在福島核電廠事故後，無法立刻觀察到活度的減少。既使蘇聯車諾比核電廠事故發生於 1986 年，目前其周遭仍為銫（Cs–137）所污染。銫–137 是 γ 射線之強釋放物，能在空氣中移動一段很長的距離，有很強的穿透力；它能為身體組織所吸收，構成輻射危害。

　　碘–131 之半衰期只有 8.04 天（表 1-3），一般例行性之輻射監測不容易偵檢到其存在；因此一旦檢出碘131，表示為新發生之污染源。

表 1-3　放射性同位素特性			
同位素（Isotope）	主要輻射線	能量	半衰期
U–238（鈾）	α	4.2 MeV	4468×10^6 年
Ra–226（鐳）	α	4.78 MeV	1600 年
Am–241（鋂）	α	5.48 MeV	432.2 年
H–3	β	18 KeV	12.28 年
C–14	β	156 KeV	5.73×10^3 年
P–33	β	249 Kev	25.4 日

P–32	β	1.71 MeV	14.29 日
Tc–99m（鎝）	gamma	140 keV	6 小時
Ir–192（銥）	gamma	316.5 keV	74.02 日
I–131（碘）	gamma	364.5 keV	8.04 日
Cs–137（銫）	gamma	662 keV	30 年
Co–60（鈷）	gamma	1.17 MeV，1.33 MeV	5.27 年

註：1 keV = 1000 eV；1 MeV = 1,000,000 eV

【註釋】

【註一】

Half Life（半衰期）：指活度衰變至一半所需之時間，是用來度量放射性物質壽命的指標。Co–60（鈷）半衰期 = 5.27 年

【註二】

貝克（Becquerel，Bq）：它是用來紀念法國物理學家 Heneri Becquerel；他發現鈾鹽之放射性，而與居里夫人同獲諾貝爾獎。他亦發現利用磁場使電子偏向；以及發現 γ 射線之存在。

【討論】

1. 倫琴（Roentgen，R）

用來量測輻射劑量的另外一種單位。通常出現在較舊的輻射儀器上，使用於曝露（exposure）之量測，並只適用於 X 射線和 γ 射線；

15

其定義為：於標準溫度和壓力下，能使 $1.00cm^3$ 乾燥空氣（0.001293g）產生各一個靜電單位（esu）（亦即 3.3364×10^{-10} 庫侖）的正負離子電荷時，所接受之能量。曝露率為 R/hr，應用於輻射調查計上。

2. 放射性物料

放射性物料係指任何物質其比活度（specific activity）大於 0.02 微居里／克者，例如釷（thorium）、六氟化鈾（UF_6）。聯合國將危險品分為九大類，放射性物質是屬第七類。（聯合國橘皮書）[14]

「比活度」指單位質量中所含之放射性活度，常用單位為 Ci/g、dps/g、dpm/g、cps/g、cpm/g。亦可用單位体積來表示，例如 Bq/mL。

3. 曝露

所謂曝露係指人的身體處於某一放射源釋出之輻射線下。曝露於輻射也許沒有很長期之效應，但它也許會導致疾病或甚至死亡，端視輻射型態與曝露時間而定 [2]。

4. 個人劑量

個人劑量係指個人接受體外曝露與體內曝露所造成劑量之總和，不包括由背景輻射曝露及醫療曝露所產生之劑量。（游離輻射防護安全標準第 6 條）。

5. 等效劑量（**Dose Equivalent**，劑量當量）

指人體組織或器官之吸收劑量與生物效應影響因素（或謂射質因子，Quality Factor Q）之乘積，單位為西弗（Sv）。

6. 吸收劑量（**absorbed dose**）

指單位質量之物質吸收游離輻射之平均能量，例如 1,000 克吸收一焦耳能量謂一戈雷（Gray，Gy）。

7. 有效等效劑量（**Effective Dose Equivalent，HE**）

為 ICRP26 報告用來評估人體全身輻射風險之劑量單位，指人體曝露的各組織器官之等效劑量與各該組織或器官之「組織加權因數」乘積之和。游離輻射防護安全標準（九十七年）已將「有效等效劑量」修正為「有效劑量」。

HE ＝ Σ WT×H

HE：組織或器官的等效劑量

WT（Weighting Factor of Tissue）：組織加權因數；WT 越大表示輻射傷害機率越高。

8. 因應員緊急曝露限值規範

US EPA（美國環保署）針對涉及放射性物料之緊急事故，訂有因應人員之緊急曝露劑量限值（dose limit），如表 1-2 所示。因應人員曝露於高劑量之輻射（25 rem），只限於任務是搶救生命或防護大部份人口。

【習題】

【是非題】

1. α 粒子是帶雙正電。　　　　　　　　　　　　　　　　**Ans**：（O）

2. β 粒子是小的、輕的次原子粒子；帶正電或負電。　　**Ans**：（O）

3. γ 輻射是高能量的電磁波（electromagnetic wave）。　**Ans**：（O）

4. 光、微波（microwave）、紅外線輻射與紫外線輻射為非游離輻射。

　　　　　　　　　　　　　　　　　　　　　　　　　　Ans：（O）

5. 游離輻射（ionizing radiation）能造成與其接觸之物質上的原子呈帶電或游離（ionizing）狀態。　　　　　　　　　　**Ans**：（O）

6. 侖目（rem）與西弗（Sv）兩個單位是用來表示人體所吸收之劑量（或謂劑量當量），二者均考量了生物效應。　　　　　**Ans**：（O）

7. 半衰期（half life）係指一個輻射源之活性（activity）衰退到原來活性的 80% 所需之時間。　　　　　　　　　　　**Ans**：（X）

8. 曝露於游離輻射進而誘發白內障（cataracts）或縮短生命是所謂軀體效應（Somatic Effect）。　　　　　　　　　　　**Ans**：（O）

9. 游離輻射之遺傳效應已被發現在人類身上。　　　**Ans**：（X）

10. 光子被歸類為「間接游離輻射」是因為光子與物質作用須先透過一些效應，產生荷電粒子，再由此荷電粒子在物質中累積吸收劑量。　　　　　　　　　　　　　　　　　　　　　　**Ans**：（O）

【國考】

1. 經過 10 個半衰期，活度僅為原有的　(1)2/10　(2)1/513　(3)1/1024　(4)1/2048　　　　　　　　　　　　　　**Ans**：(3)

2. 某一核種經過 10 個半衰期後，其活度約為原來的多少分之一？
   (1) 十　(2) 百　(3) 千　(4) 萬　　　　　　　　　**Ans**：(3)

3. 經過 20 個半衰期後射源活度會剩下多少？　(1)1/20　(2)19/20
   (3) $(1/10)^{20}$　(4) $(1/2)^{20}$　　　　　　　　　　**Ans**：(4)

4. 某一放射核種衰變 10 天後，活度只剩原有的 1/10，其半衰期約為？
   (1)1 天　(2)2 天　(3)3 天　(4)5 天　　　　　　　**Ans**：(3)

5. α 粒子有 (1) 兩個中子 (2) 兩個質子 (3) 兩個電子 (4) 帶兩個正電，那個敘述是錯誤　　　　　　　　　　　　　　　**Ans**：(3)

6. α 粒子就是 (1) 氫的原子核　(2) 氧　(3) 氦　(4) 鈷的原子核

Ans：(3)

7. 下列那個敘述為正確　(1)α 射線是氦 –4 的原子核　(2)β 射線是原子核外電子軌道上釋出的電子　(3)γ 射線是不穩定放射性元素從電子軌所釋出的電磁輻射　**Ans**：(1)

8. 我國平地一般人的自然年平均劑量約為　(1)0.2 毫西弗　(2)2 毫西弗　(3)20 毫西弗　(4)200 毫西弗　**Ans**：(2)

9. 我國國民平均每年接收到人為輻劑量主要來自　(1) 核能設施 (2) 醫療輻射　(3) 非破壞檢測　(4) 氫氣　**Ans**：(2)

10. 某人的性腺（$W_T = 0.25$）及乳腺（$W_T = 0.15$）各接受 2 毫西弗的等價劑量，其餘器官未受曝露，則此人共接受多少的有效劑量（毫西弗）　(1)1.0　(2)2.0　(3)0.8　(4)1.5　**Ans**：(3)

活　度

1. 半衰期是放射性核種於單一放射衰變過程使活度　(1) 減半 (2) 為零　(3) 加半　(4) 加倍的過程所需時間　**Ans**：(1)

2. 活度之單位為　(1)s^{-1}　(2)$cm^{-2}s^{-1}$　(3)s　(4)cm^2s^{-1}　**Ans**：(1)

3. 活度的 SI 單位為　(1) 居里　(2) 倫琴　(3) 貝克（Bq）　(4) 雷得

Ans：(3)

4. 某樣品經 5 分鐘計數器測得 600counts，若此蓋格計數器之效率為 20%，則此樣品活度為　(1)10Bq　(2)60Bq　(3)100Bq　(4)600Bq

Ans：(1)

5. 某人體重 60 公斤，全身均勻受到 X 光曝露，其接受能量為 0.3 焦耳，試計算此人接受到多少有效劑量？　(1)0.5　(2)1.0　(3)5　(4)10 毫西弗　**Ans**：(3)

游離輻射

1. 能使中性原子分為正負兩個帶電離子之現象稱為　(1) 原子分裂　(2) 輻射　(3) 游離　(4) 互毀　　　　　　　　　　**Ans：(3)**

2. 有關游離輻射之性質，下列何者不正確　(1) 可貫穿物質薄片　(2) 可以使空氣游離　(3) 游離輻射強度隨溫度增高而增加　(4) 可使暗處照相底片感光　　　　　　　　　**Ans：(3)**

3. 一般所謂游離輻射係指光子輻射的能量高於多少 KeV 的輻射？　(1)0.1KeV　(2)10KeV　(3)1000KeV　(4)1MeV　　**Ans：(2)**

4. 下列何者不是游離輻射　(1)α 及 β 粒子　(2) 電子及中子　(3) 微波及紫外線　(4)X 射線及 γ 射線　　　　　**Ans：(3)**

5. 下列那項為間接游離輻射　(1)X 射線　(2) 質子　(3) 貝他　(4) 阿伐　　　　　　　　　　　　　　　　**Ans：(1)**

6. 下列那項為間接游離輻射　(1) 電子　(2) 正電子　(3) 中子　(4)α 射線　　　　　　　　　　　　　　　　**Ans：(3)**

7. X 射線與 γ 射線雖均為電磁波，但主要差異在何處　(1) 能量大小　(2) 速度　(3) 產生來源　(4) 照野大小　　**Ans：(3)**

單　位

1. Bq（貝克）是什麼單位？　(1)exposure　(2)dose equivalent　(3)adsorbed dose　(4)activity　　　　　　　　　　　**Ans：(4)**

2. 吸收劑量的國際系統單位為　(1) 焦耳 × 秒　(2) 焦耳／千克　(3) 焦耳 × 千克　(4) 爾格／秒　　　　　　　　**Ans：(2)**

3. 吸收劑量的國際單位為　(1) 西弗　(2) 貝克　(3) 戈雷　(4) 雷得　　　　　　　　　　　　　　　　　　　　**Ans：(3)**

4. eV（electron volt）是什麼單位　(1) 能量　(2) 電壓　(3) 磁場

(4) 電阻　　　　　　　　　　　　　　　　　　　**Ans**：(1)

5. 下列何者為能量單位　(1) 瓦特　(2) 毫安培　(3) 仟伏特　(4) 電子伏特　　　　　　　　　　　　　　　　　　　**Ans**：(4)

6. MeV、erg、J 皆為能量單位其：(1)MeV > erg > J　(2)erg > MeV > J　(3)J > erg > MeV　(4)J > MeV > erg　　　　　　**Ans**：(3)

7. 首先被發現的人工產生的游離輻射是　(1) 無線電　(2)X 光　(3) 鐳輻　(4) 雷射　　　　　　　　　　　　　　　**Ans**：(2)

8. 半衰期是放射性核種於單一放射衰變過程使活度　(1) 減半　(2) 為零　(3) 加半　(4) 加倍的過程所需時間　　　　**Ans**：(1)

衰變

1. 有關阿伐（α）粒子，下列何者錯誤　(1) 它有二個中子　(2) 它有二個質子　(3) 它有電子　(4) 它帶兩個正電子　　**Ans**：(3)

2. 放射物理學中的 α 粒子就是　(1) 氫的原子核　(2) 氧的原子核　(3) 氦的原子核　(4) 鈷的原子核　　　　　　**Ans**：(3)

3. 放射性核種釋放 α 粒子後，所形成的子核種與原先母核種之間的關係，下述何者正確？　(1) 子核種的原子序數比母核種的原子序數大 1　(2) 子核種的原子序數比母核種的原子序數大 2　(3) 子核種的原子序數比母核種的原子序數小 1　(4) 子核種的原子序數比母核種的原子序數小 2　　　　　　　　　　　　　　**Ans**：(4)

4. β 粒子變後其子核之質子數比母核質子數　(1) 增加一個　(2) 減少一個　(3) 不變　(4) 減少二個　　　　　　**Ans**：(1)

5. 原子核內一個中子轉變為一個質子，所發射的游離輻射為　(1)α 粒子　(2) 負電子　(3) 正電子　(4) 質子　　　**Ans**：(2)

聯合國危險物分類

1. 聯合國將危險物區分為 X 類，其中放射性物質為 Y 類危險場，此 X，Y 各為　(1)10,5　(2)9,7　(3)7,5　(4)10,7　　　　　**Ans**：(2)

2. 聯合國將危險物區分為九類，放射性物質是屬　(1) 第 1 類 (2) 第 3 類　(3) 第 5 類　(4) 第 7 類　　　　　　　**Ans**：(4)

第 2 章

風險與生物效應
(Risk and Biological Effects)

2.1　一般說明

2.2　游離輻射對身體的效應（Effects of Ionizing Radiation on the Body）

2.3　健康效應種類（Types of Health Effects）

2.4　什麼是安全？（What is Safe?）

2.5　結論

2.1　一般說明

第一章指出輻射有二類：游離（ionizing）與非游離（non-ionizing）輻射。二者間之區別在於其輻射能量。非游離輻射包括可見光、微波、紅外線輻射與紫外線輻射。它們不具足夠能量，讓與其接觸到的原子加予離子化（ionize）。游離輻射具較大的能量，能造成與其接觸之物質上的原子呈帶電或游離狀態。

當游離輻射與物料作用，它轉移能量到物質，就是所謂「離子化」（ionization）。就是這種輻射會對人體內的細胞造成傷害，導致這些細胞可能會死亡、不再有能力製造蛋白質或變成癌性。不同種類的輻射，會產生不同程度的生物效應。福島核廠事故，日方以核廠為中心，劃分內區與外區；內區需疏散，而外區需掩蔽。事故初期，疏散距離為 3 公里，掩蔽距離為 3～10 公里；隨著情勢的發展，將疏散距離調整為 10 公里，後因情境的惡化，進而延長至 20 公里。這些措施的目的不外是藉由「距離」來減少／避免輻射污染和曝露以及游離輻射對身體的效應。

本章之目的：

- 說明輻射對身體之短期與長期效應。
- 敘述健康效應種類；機率效應與確定效應定義。

2.2 游離輻射對身體的效應（Effects of Ionizing Radiation on the Body）

作為一個因應員（responder），你必需知道如何去保護自己。什麼時候才可以安全進入，以及你可停留在一個地方多久？這是很重要的，要了解現場傷患所面臨到的風險。是否應該將傷患從輻射源移走？在大量傷患的情況下，你必需了解游離輻射效應，以便能有效地執行傷患篩選（triage，檢傷），並避免自己成為另一個傷患。

在評估緊急因應情況之危害時，要先了解游離輻射之風險與生物效應（biological effect），這是很重要的。以下案例，是有關個人接受到高劑量的游離輻射和遭受曝露所產生的一些症狀。

【案例1】

2006 年 3 月 11 日，比利時的 Fleurus 市，一名員工進入鈷 –60（Co–60）的照射器房間；他觀察到 γ 射線監測器呈現高警戒濃度。房間的門是開著，且空無一物；當時並未執行照射工作。他重新調整該監測器，並確認不再顯示警戒濃度；然後他決定要關閉照射器（irradiator）的門。基於安全規則要求，他必需進入房間內轉調位於房間後面的接觸處，去證明他於關門前，有確認並無人在房間內。他在房間內停留大約 20 秒鐘，去執行此項檢查工作。在那個時候，他並沒有發現於房間內或房間外有任何不正常情況；γ 射線監測器沒有再被激發。

一些時日後，他感到噁心並嘔吐；然而，他並不認為這與他的

工作有任何關聯。幾近三個星期後，他發覺到他的頭髮大量脫落；然後他決定去看醫生。醫生檢查了他的血液，結果顯示他曾嚴重曝露於高劑量的輻射。依據所觀察到的效應，劑量可能高達 4Sv。該員工於 3 月 30 日住進一家專門從事治療輻射曝露的法國醫院。

　　這個意外一直到 2006 年 3 月 31 日才呈報到公司管理階層。射源位置之電腦記錄顯示，當該員工停留室內期間，開關的「Down」限值（down level）曾有數次被啟動。我們可以假設，在他短暫於室內停留期間，由於一項目前尚未被找出來的水力系統缺失，輻射源曾經被輕微地提出水池數次。一直到 2006 年 4 月 18 日，該員工仍然活著，且情況穩定。

【案例 2】

　　1999 年有三個人在一次意外中，接收到的全身劑量（WBD）分別為 20、10 和 3 Sv；10 Sv 的 WBD 劑量就足以令人致命。在幾分鐘內，那位曝露最大的工人喪失了知覺並嘔吐。約一個小時後，他恢復知覺並嘔吐，開始帶血性下痢、嘔吐且發燒。第二個工人並未喪失知覺或嘔吐，但曝露一個小時後，抱怨有中等程度之噁心。第三個工人未顯示立即性臨床徵狀。那兩個曝露最重的工人分別於曝露 3 個月和 6 個月後去世；第三個工人經數月之醫療後復原了。

【案例 3】

　　最後涉及第一線應變人員（first responder）所遭遇到最嚴重的核子意外事故：

　　1986 年 4 月 26 日前蘇聯車諾比（Chernobyl）核電廠爆炸後，第一線因應人員被召往協助。進入現場的外來第一線因應員是消防人員；他們曝露於 200 Sv/h 之 γ 射線劑量下作業；反應器爐心火災經 12 天才被撲滅。所有死亡者都是廠內員工和外面消防人員；此事故的首兩個陣亡者發生於第一天：一個是由於建築物的傾覆曝露，另一個是由於嚴重燒傷。在 36 個小時內，203 人由於急性輻射症狀而入院治療。

　　依他們的曝露程度，受害者歸類如下：

- 6～16 Sv：有 22 人接受此劑量，其中 21 人死亡；所有受害者皮膚具 60%～100% 灼傷。
- 4～6 Sv：有 23 人接受此劑量，其中 7 人死亡，6 人具嚴重皮膚灼傷。
- 2～4 Sv：只有 1 人死於此劑量範圍。

　　於一天內，有 3,500 名醫療人員經空運進入災區協助。離核電廠二公里的村莊居民於事故後，一天半內撤離。於疏散時，輻射劑量率（dose rate）高達 10 mSv/hr；村內民眾所接受到的平均外部全身劑量（WBD）為 13～14 mSv；皮膚為 1～2 Sv。體內劑量約為外部劑量的 10～15%。承受最高劑量的民眾被發現位於離核廠 3～15 公里地帶的農村內。目前離核電廠 200 公里範圍內，被劃定為隔離區（exclusion zone）。

2.2.1 早期效應（Early Effects）

只有極端的輻射劑量，才會導致立即或短期之可見效應。在大部份的情況下，過度的輻射曝露之主要效應是數十年後，癌症風險的增加。

曝露於游離輻射的早期效應，只出現在短時間內接受到很高的劑量者。較高的劑量一般會導致徵狀的提早發生，以及讓這些徵狀更嚴重的顯現。如果局部曝露於高程度的游離輻射，會造成「輻射灼傷」（radiation burns）亦即所謂 erythema（皮膚呈紅色）。局部曝露於這些高程度游離輻射是與全身曝露大不相同的，後者之曝露效應如表2-1 所示。

表 2-1　全身游離輻射曝露之立即臨床效應 (1)		
全身劑量	主要立即臨床效應	後果
< 2 Sv	無	雖然可以量測到血液的改變，臨床上的病徵（sign）一般不會出現。
2〜10 Sv	厭食、噁心、嘔吐下痢、疲倦	骨髓細胞破壞，所以更新血細胞能力降低了：於約 5Sv 時，50% 案例死亡（數月內）。
10〜50 Sv	於曝露數分鐘內，厭食、噁心、嘔吐下痢、疲倦	腸胃現象：破壞腸胃道皮膜（epithelial lining）之腺窩（crypt）細胞，所以表面的上皮細胞不再更新。數天內死亡。
> 50 Sv	於曝露數分鐘內嚴重噁心、嘔吐、喪失協調功能、呼吸有壓力、下痢、死亡。	腦組織可能受擾亂；數小時內死亡。

2.2.2　長期效應（Long-term Effects）

目前所知的有關游離輻射對身體之大部份長期效應，皆來自第二次世界大戰，日本廣島和長崎遭受原子彈攻擊之生存者的研究成果。

大部份的案例顯示，曝露於游離輻射並無立即效應，但可能有長期效應。這些長期效應包括癌症增加的風險，以及後代子孫基因的影響。其他可能的影響包括誘發白內障（cataracts）和縮短生命。另外輻射曝露也可能影響到女性懷孕中的胎兒（例如白血球病）。我們可以確認的是，人曝露於輻射會誘發癌症和影響胎兒，但並未觀察到人類基因的影響；然而基因的影響已被發現發生在動物上。

2.3　健康效應種類（Types of Health Effects）

曝露於游離輻射的健康效應可歸納為三大類別：(1) 軀體效應、(2) 遺傳效應、(3) 先天疾病效應。茲說明如下：

(1) 軀體效應（Somatic Effect）

軀體效應發生在曝露者本身上，包括皮膚灼傷、白內障、血液不正常、致命和非致命之癌症以及死亡。這些效應可能是立即的或延後的，視輻射型態、強度、以及曝露延時（duration）而定。軀體效應僅發生在一個生命體本身上，並不會影響其下一代。

(2) 遺傳效應（Hereditary Effect）

遺傳效應發生在曝露者之後代上，這是由於基因細胞（亦即精子和卵細胞）遭到輻射而突變（mutation）之故。遭輻射的基因細胞中之基因物質（已遭改變）將遺傳上不規則之密碼轉移到下一代。所幸到目前為止，遺傳效應衹在植物和動物上被觀察到，人類本身尚無此類效應之發現。後代效應包括喪失正常功能或夭折。

(3) 先天疾病效應（Congenital Effect）

先天疾病效應發生在新生嬰兒，諸如器官或四肢畸形、癌症、智力低或精神障礙。其原因是由於懷孕後，胎兒遭受輻射。

總而言之，曝露的後果可能是 (1) 隨同劑量而機率性（stochastic）的增加，或 (2) 確定性（deterministic）的增加。依「游離輻射防護安全標準」（第 2 條之第 9 款），輻射之健康效應區分為機率效應與確定效應。輻射防護的目的就是去預防／阻止確定性效應，以及去限制機率性效應的或然率，茲說明如下。

2.3.1 機率效應（Stochastic Effect）

所謂機率效應係指致癌效應及遺傳效應，其發生之機率隨所接收到的游離輻射劑量的增加而增加，而與嚴重程度無關。

依目前的輻射防護實務，我們假設任何零劑量，不管如何的低，仍有可能導致**機率性效應**；就機率性效應而言，並無所謂「劑量底限值」（no dose threshold）。現在舉一個與輻射無關的例子——「買彩

券中獎」來說明無底限值的機率性效應。買越多張彩券，中獎的機率
（或然率）就越高；然而其獎金保持不變。

那到底有沒有所謂「無淨傷害效應」（no net harmful effect）的底
限值劑量呢？目前科學界尚無定論。諸多人相信，在約 100 mSv 劑
量以下，就沒有淨傷害效應；但這種論調，很難證明它。於一種緊急
事故情況下，應讓劑量能在合理達成的條件下越低越好。

軀體效應（**Somatic Effect**）

從職業輻射曝露的觀點，最令人關心的是，致命和非致命癌症的
產生。已有大量的研究投入，並繼續調查大眾曝露於游離輻射的風
險。到目前為止，並無證據顯示，那一種癌症是只能由輻射引發的。
所以輻射防護操作者，經常計算曝露於游離輻射而引發癌症的或然率
（可能性）（probability / likelihood）。

表 2-2 列出癌症和嚴重遺傳效應之傷害（約每單位劑量之風險）
（ICRP）。

表 2-2　標稱機率係數（ICRP）				
	傷害（Detriment），$\times 10^{-2}$ / Sv			
曝露人口	致命癌症	非致命癌症	嚴重遺傳效應	合計
成年工人	4.0	0.8	0.8	5.6
全人口	5.0	1.0	1.3	7.3

註：ICRP 所建議之標稱機率係數（Nominal Probability Coefficients）

【範例 1──推估致命癌症機率】

假設某因應員的輻射接收劑量為 500 mSv；這是緊急情況之法定曝露限值。試推估該員死於癌症之機率（或然率）。

依表 2-2，輻射工作人口（成年工人）的致命癌症的標稱機率係數為 4×10^{-2} / Sv，因此該因應員事後引發致命癌症之機率增加了：

$$0.5 \text{ Sv}\times4.0\times10^{-2}/ \text{ Sv} = 0.02 = 2\%$$

在加拿大，死於癌症之機率為 25%，所以該因應員死於癌症之機率為：

$$25\% + 2\% = 27\%$$

從 25% 增加到 27%。

遺傳（Hereditary）

到目前，遺傳效應祇被發現在動植物上。由於這些觀察以及我們對基因於生物發展所扮演之角色的了解，輻射防護操作者以統計外插方式，將所觀察到的由輻射產生之基因缺陷的風險，推估到人類身上。

先天疾病效應（Congenital Effect）

輻射曝露對胚胎和胎兒之影響，端視婦女懷孕期受到輻射的時間點為何時。如果曝露是發生在懷孕的首三個禮拜，是不太可能導致機

率性效應。然而，如果發生在剩下的妊娠期，就可能於新生嬰兒身上發生機率性效應，例如癌症風險的增加；但是到目前為止，該風險到底有多大，尚無定論，因為它涉及很多的不確定性！

2.3.2　確定效應（Deterministic Effect）

確定效應又謂非機率性效應（non-Stochastic Effect），係指效應發生之嚴重性（severity），隨所接收到的劑量（游離輻射）增加而增加；它具有劑量底限值（threshold limit）（表 2-3），低於此值不會產生確定效應；白內障、皮膚紅斑和喪失生殖能力均屬確定效應。

表 2-3　確定效應例與底限值（ICRP）	
效應	底限值劑量
白內障（cataract）	急性＊劑量（眼睛）：5Sv
皮膚紅斑（skin reddening）	急性劑量：3～5 Sv
血液不正常（blood disorder）	急性劑量：≧ 0.5 Sv
短期喪失生殖能力（男性）	急性劑量（睪丸）：0.15 Sv
永久喪失生殖能力（男性）	急性劑量（睪丸）：3.5～6.0 Sv
永久喪失生殖能力（女性）	急性劑量（卵巢）：2.55～6.0 Sv
死亡	急性全身劑量（平均），50% 曝露人口、60 天內死亡（LD50／60）：～ 3 到 5Sv

註＊急性：指延時短（short duration）

先天缺陷效應（**Congenital Defects**）

如果胎兒在母親子宮內接收到游離輻射，非機率性效應就可能發生在新生嬰兒身上。效應後果視胎兒生長時，子宮接收輻射的時間點而定；缺陷的嚴重程度，也端視劑量大小而定（表 2-4）。

很多案例顯示，非機率性效應的底限值（threshold），也視劑量接收的速率（dose rate）大小而定；通常增加劑量輸送的時間，會增加底限值。

表 2-4　確定效應——先天缺陷例	
懷孕期長短	先天缺陷
0～3 星期（嚴格地講，這些效應導致自然流產）	著床失敗 死亡
3 星期～主要器官形成（organogenesis）之時間期	畸形（底限值估計約 0.1 Sv）
8～15 星期	IQ 的減少（依取自橫濱和長崎數據，指出 coefficient 為～30 IQ points／Sv）
16～25 星期	IQ 的減少，較 8～15 星期的曝露不嚴重（於 0.1 Sv 的劑量時，效應觀察不出來）
8～25 星期	於高劑量率下，接收到高劑量（≧ 0.4Sv）後，嚴重精神障礙

2.4 什麼是安全？（What is Safe?）

對於什麼才算「足夠安全」（safe enough）？需要自己判斷。人類的活動，是無法完全免於風險的。表 2-5 顯示風險值會增加百萬分之一（1×10^{-6}）之各種活動。此表的比較性風險，有助於我們一旦面臨游離輻射曝露時，來決定「什麼是足夠安全？」（What is safe enough?）

表 2-5 風險值會增加百萬分之一之各種活動	
活動	死因
吸香菸 1 枝	癌症或心臟疾病
以獨木舟航行 6 分鐘	意外
以汽車行駛 100 km	意外
噴射機飛行 2,000km	意外
照 X 光（設備佳之醫院）	癌症（游離輻射）
吃 15 湯匙的花生醬（peanut butter）	由黃麴毒素（alfatoxin B）所引起之肝癌
喝 30 罐蘇打水（Diet）	由糖精（saccharin）所引起之癌症
承受劑量 25μSv 的游離輻射（典型的背景值為 10μSv / day）*	癌症

* 註：LNT（Linear No Threshold）：線性無低限劑量值（線性無底限值），低於此值無潛在效應。

* 依 LNT 之計算，最可能結果是，於劑量 ≦ 100 mSv 時為無效應。

現以前面提到的因應員範例來說明。該員承受 500mSv 劑量，依表 2-5，其風險為 500mSv / 25μSv = 500,000μSv / 25μSv = 20,000。所

以百萬分之 20,000 等於 0.02 ＝ 2％，與前述範例的推估相同。此風險相當於吸了 20,000 枝香菸；或 800 包香菸，或每天吸一包香菸，吸了 2.2 年。

　　LLE（Lost Life Expectancy）（表 2-6）是另外一種看風險的角度。它用來量度某種活動所導致之平均壽命損失；可以用來比較其他活動之 LLE。

表 2-6　各種活動之 LLE 比較	
活動（Activity）	LLE（d）
吸 > 1 包香菸 / day（男）	2400
吸 > 1 包香菸 / day（女）	1400
體重超重 15%	777
受雇當建築工人	227
專注於爬山一年	110
接受 500 mSv 急性劑量	75
開小車行進中	70
受雇於製造業	40
跳傘一年	25
每年接受 2 mSv 劑量	24
一年的專業拳擊	8
受雷擊	1

2.5 結論

了解現場所面臨之劑量率，以及也許會接受到之游離輻射劑量所導致之潛在效應，是相當重要的。因為如此，你才能於緊張情況下，有資訊去作決策。

除非潛在的劑量率，高到足以讓你關心第一線因應人員（first re-sponder）之健康與安全，否則高於背景值的游離輻射不應干涉到急救協助。

不要因為你不了解游離輻射的風險，就將你自己或他人置於風險

【討論】

1. 國際放射防護委員會（**International Commission on Radiological Protection: ICRP**）

ICRP 是從專家的角度研究核輻射對人體的傷害以及提出忠告和相關預防措施的非營利國際學術組織。目前世界上很多國家依據 ICRP 的建議，制定與核輻射有關的法令、法規。ICRP 的事務所設置在瑞典首都斯德哥爾摩，在加拿大首都渥太華設有研究機構。

2. Nominal Probability Coefficient（**標稱機率係數**）

依 ICRP-60 號報告，每單位「有效劑量」所引起健康損害的機率因數謂「標稱機率係數」。輻射工作人口的致命癌症的標稱機率係數（不含引起嚴重遺傳疾病）為 4×10^{-2} / Sv（表 2-2）。

3. 健康效應

「游離輻射防護安全標準」第 2 條之第 9 款指出，輻射之健康效應區分為機率效應與確定效應。機率效應係指致癌效應及遺傳效應，其發生之機率與劑量大小成正比，與嚴重程度無關，且無劑量低限值。確定效應指造成組織或器官之功能損傷之效應，其嚴重程度與劑量大小成比例增加。此種效應可能有劑量低限值。

4. 確定效應與機率效應

確定效應例包括白內障、不孕、脫毛；**機率效應**包括白血病、癌、遺傳疾病。

5. 射質因數（Quality Factor）

射質因數就是生物效應影響因子，其值代表不同型態之輻射，對人體組織造成不同程度的傷害。ICRP 針對不同輻射型態，訂定射質因數（表 2-7）。

表 2-7　輻射型態之射質因數 Q	
輻射型態	Q 值
X 與 γ 射線	1
β 射線	1
熱中子	5*
快中子	20*
質子	20*
阿伐（α）射線	20

*ICRP 修訂值

【範例 2】

> 甲遭中子照射（Q = 5）後，吸收劑量為 1.2mGy；再接受 X 光照射，吸收劑量為 3.7mGy。問甲吸收多少等效劑量（dose equivalent，劑量當量）？

$$1.2 \times 5 + 3.7 \times 1 = 9.7 \text{ mSv}$$

【習題】

【是非題】

1. 曝露於游離輻射進而誘發白內障（cataracts）或縮短生命是所謂軀體效應（Somatic Effect）。　　　　　　　　　　**Ans**：（O）

2. 游離輻射之遺傳效應已被發現在人類身上。　　**Ans**：（X）

3. 確定性效應係指效應發生的嚴重性，隨承受劑量增加而增加。

　　　　　　　　　　　　　　　　　　　　Ans：（O）

4. 遺傳效應發生在曝露者之後代上，這是由於基因細胞（亦即精子和卵細胞）遭到輻射而突變（mutation）之故。　**Ans**：（O）

5. 到目前，游離輻射之遺傳效應只被發現在動植物上。　**Ans**：（O）

6. 依「游離輻射防護安全標準」（第 2 條之第 9 款），輻射之健康效應區分為機率效應與確定效應。　　　　　　　**Ans**：（O）

7. 人曝露於輻射會引發癌症和影響胎兒，但並未觀察到人類基因的影響。　　　　　　　　　　　　　　　　　**Ans**：（O）

【國考】

1. 射質因數（Q）是用於轉換吸收劑量為　(1) 約定劑量　(2) 等效

劑量　(3) 体外與体內劑量之總和　(4) 有效劑量　　　**Ans：(2)**

2. 下列何者不屬確定效應　(1) 白血病　(2) 脫毛　(3) 白內障　(4) 不孕　　　　　　　　　　　　　　　　　　　　　　　　　**Ans：(1)**

3. 下列那一種健康效應的嚴重性隨等價劑量的增加而增加　(1) 白血 (2) 甲狀腺癌　(3) 遺傳效應　(4) 白內障　　　　　　　　**Ans：(4)**

4. 輻射誘發的癌病與遺傳為　(1) 急性效應　(2) 確定效應　(3) 機率 效應　(4) 早期效應　　　　　　　　　　　　　　　　　　**Ans：(3)**

5. Sv 單位為　(1) 吸收劑量　(2) 等價劑量　(3) 活度劑量　(4) 曝露 劑量　　　　　　　　　　　　　　　　　　　　　　　　　**Ans：(2)**

6. 對於 1MeV 的 γ、β 與 α 射線，若吸收劑量相等，則等價劑量大小 關係為　(1)$\alpha = \beta > \gamma$　(2)$\alpha > \beta > \gamma$　(3)$\beta > \alpha > \gamma$　(4)$\gamma = \beta < \alpha$

Ans：(4)

7. 輻射防護之目的為：　(1) 防止機率效應，抑低確定效應之發生 (2) 防止確定效應，抑低機率效應之發生　(3) 合理抑低（ALARA） (4) 符合法規之劑量限度　　　　　　　　　　　　　　　　　**Ans：(2)**

8. 下列敘述何者為正確　(1) 單能中子能量愈高，射質因數愈大 (2) 熱中子之射質因數為 5　(3) 質子與電子都帶一單位電荷 (4) 阿伐粒子之射質因數為 10　　　　　　　　　　　　　　　**Ans：(2)**

9. 依 ICRP-60 號報告，每單位「有效劑量」所引起健康損害的機率 因數謂「標稱機率係數」。輻射工作人口的致命癌症的標稱機率係 數（不含引起嚴重遺傳疾病）為　(1)4×10^{-2}/Sv　(2)5×10^{-2}/Sv (3)5.6×10^{-2}/Sv　(4)7.3×10^{-2}/Sv　　　　　　　　　　**Ans：(1)**

第 *3* 章

游離輻射源
(*Sources of Ionizing Radiation*)

3.1 一般說明

3.2 自然背景輻射源（Natural Background Radiation）

3.3 人造輻射源（Artificial Sources of Radiation）

3.1 一般說明

我們生活於自然產生之輻射的世界中，我們的骨頭含輻射性鈽（polonium，Po）和鐳（radium，Ra），我們的肌肉含有輻射性碳（C–14）和鉀（K–40）。我們不但面臨來自太空的所謂宇宙輻射線，而且每天吃的、喝的和運作的物質，不管是自然產生的或人工合成的，都可能具有輻射性。

輻射是原子以粒子或電磁波的形式釋放的能量。第一章說明輻射分為非游離輻射與游離輻射，而後者是我們需要的，因為它具有足夠能量去移動其所碰撞之原子上的電子。

人類所接收的游離輻射，可能來自天然源或人造源（圖 3-1）。世界大部份人口所接受到的是自然輻射，量之多寡與強度端視我們腳下土壤成份、所用的建材、時節與我們居住的經緯度而異。在某種程度上，氣象條件例如雨、雪、氣壓與風向也都會影響輻射量。

我們所關心的游離輻射是 α 粒子、β 粒子、γ 輻射與 X 射線；大部份 X 射線曝露是科技所產生的。此外，放射性物料也使用於商業產品，例如人工牙與煙霧偵測器。煙霧偵測器利用 Am–241（鋂，放射性元素）發射的 α 粒子，在煙霧中會被煙粒減弱原理。夜光錶面的發光是利用 H–3 或 Pm–147（鉕，稀土金屬元素，原子序 61）與螢光劑混合作為錶面的光源；它利用同位素釋出的 β 粒子與螢光劑作用。

本章之目的：

- 說明游離輻射之天然源與人造源，以為後續防護之依據。

- 敘述人造源類別與安全考量。

- 指出我國法規要求。

3.2 自然背景輻射源〈Natural Background Radiation〉

自然射源包括：

- 太陽。

- 太空的宇宙線〈中子、電子、γ 線與 X 射線〉。

- 地殼自有的放射性元素〈鈾、釷、鉀及它們的放射衍生物〉。

- 輻射衰變產物，例如氡。

台灣地區民眾接受到的自然背景輻射劑量約為 $0.1\mu Sv / h$；每年大約 2 mSv〈毫西弗〉，主要來源為氡；而人造輻射劑量主要來自醫療輻射。聯合國報告指出，全世界一般人每年所接收之天然背景輻射約為 2.4 mSv。

自然輻射除了氡氣〈金屬鐳〈radium〉衰變所形成的一種氣態物質〉外，尚未曾被證明對人體健康有害。其原因一部份是由於它是天然的，而且我們身體上的放射性物質也是我們自然組成的一部份。

世界上有少數地方，它的背景輻射顯著地高於其他地方，這是由於它的土壤、飲用水或建材所含之放射性物料，較正常值為高之故。雖然背景輻射是不可能逃避的，但我們卻可將曝露程度加予限制／控制；例如，我們可將從氡衰變產物出來的劑量，在現有房子內減少，或可於建造新房時，加予減量。

K–40 存在於人體，對人類而言，是人體第二大背景輻射源。它構成自然產生放射性物料〈NORM，Naturally Occurring Radioactive Material〉的百分之一。

氡氣〈radon，Rn〉為天然放射性氣體，花崗岩釋放氡氣。US

EPA 建議氡氣活度改善標準為 150 Bq/m³，我國亦同。我國室內氡氣平均活度為 10 Bq/m³，室外為 4 Bq/m³。如以花崗岩為建材，室內氡氣平均活度為 14-48 Bq/m³。

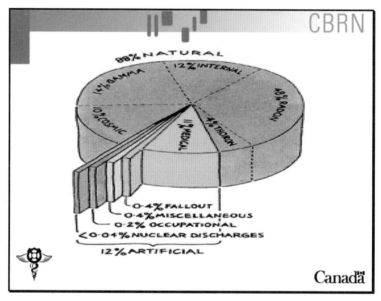

圖 3-1　輻射曝露源類例

　　天然背景輻射對人體所造成的最大輻射劑量，主要是經由呼吸將 Rn–222（氡）及其子核吸入肺部；其傷害主要來自 α 粒子。

3.3 人造輻射源 (Artificial Sources of Radiation)

科技活動輻射源包括：

* 醫療設施 (醫院、診所、救護站、牙科診所) 及藥房。

* 研究與教學機構。

* 管線 X 光儀。

* 核子反應爐及其支援設施，例如鈾廠與燃料準備工廠。

* 某些製程。

* 某些中央政府所屬核武生產設施。

人造輻射源係指那些由於人類的介入環境和工作場所，所產生之輻射源。這些輻射源也許是有意地，也可能是無意地被製造出來，範圍從 1950 年代的原子彈與核彈試爆的落塵，到 X 光、核醫顯像設備、醫療放射源、核電廠、研究加速器，以及家庭用的煙霧警報器，和一些公共建築物緊急出口標誌。可以說大部份的人均接收到少量之人工輻射源之劑量，但只有少數人所接收之劑量超越自然源數倍。

密封射源可能被恐怖份子應用於諸多用途，其中之一是將高活度放射性物置於可讓眾人曝露於 γ 射線之處。

液態或粉末之非密封射源可能被用於污染一個區域或被用於污染食物或給水。另一種方法是用來製造髒彈 (dirty bomb)，它是一種爆炸裝置，一旦將其引爆可散佈放射性物料。

管制這些人工源之曝露是操作輻射防護之目標。有些措施可用來保護民眾和環境，使免於游離輻射之非必要的曝露。以下列舉一些人造游離輻射源——密封射源、核電廠。

3.3.1 密封射源（Sealed Sources）

人工放射性源使用於諸多醫學、工業與研究機構。最普遍用於工業與醫學的密封射源同位素為 Cs–137、Co–60、Ir–192 與 Am–241。這些射源規模大小不一，視現場應用而定。下列說明各種型態之應用與密封射源所使用之同位素。

(1) 工業照射器（Industrial Radiators）

此類裝置用於食品、醫用儀器和其他項目需高劑量之放射性照射，以殺死潛在有害微生物之設施場所。醫療器材（諸如塑膠針筒、靜脈點滴器試管等）輻射殺菌消毒，不具殘毒性，在美日已取代氯化乙烯殺菌法。

安全考量

射源之強度視所用同位素而定。如果將屏蔽從此類應用極強射源移走，1 公尺距離之劑量率可能高達 10,000Sv/h。如此活度的射源距離 1 公尺處，將於秒內達致命劑量。甚至在 100 公尺距離，於一小時內接收到致命劑量。最普遍使用之同位素為 Co–60 和 Cs–137。

(2) 癌治療機（Cancer Therapy Machine）

此類裝置（圖3-2）之射源活度範圍，視所需提供之醫療型態而定。

安全考量

如將此類最強活度射源的屏蔽移走，1 公尺距離之劑量率高達

1,000 Sv/h。此種活度之射源，能於 1 分鐘令距離為 1 公尺之處，達到致命曝露；甚至在 10 公尺，於 1 小時接收到致命劑量。常用之同位素為 Co–60、Cs–137 與 Ir–192。

圖 3-2　癌治療機（體外放射治療機）

(3) 工業放射攝影（**Industrial Radiography**）

工業放射攝影是一種非破壞性檢驗法，它利用輻射的穿透力，透過受檢物體，以檢視物體內部情況。這類裝置採用 γ 線、X 光或中子輻射三類：

- γ 線攝影術——採用的同位素為鈷 –60、銫 –137 與銥 –192，使照相底片感光，以檢查焊接。
- X 光攝影術——原理如同 γ 線攝影術，例如機場的 X 光檢查儀。
- 中子放射攝影術——原理如同 γ 線與 X 光，具穿透物質特性；然因其無法使照相底片感光，須經過轉換劑的轉換手續將中

子束轉為光子，才能使底片感光。

安全考量

　　這類之最強活度射源能於距離 1 公尺處，1 個小時內造到致命劑量；10 公尺處，約 1 天多就達致命劑量。雖然放射攝影源可能很有活性，然而這種工具體積不大，可攜帶且具充分之屏蔽性，利於安全使用。這種特點再加上易於被偷，使得它們對恐怖份子的活動，產生了相當大的吸引力。

3.3.2　非密封射源（Unsealed Sources）

非密封射源應用於諸多領域，包括：

- 示縱劑——使用 P–32 於測定施肥效率；Tc–99m（鎝）使用於核子醫學檢查。
- 水流向測定——使用 I–131。
- 管路滲漏測定——使用 I–131。
- 放射性免疫分析——使用 I–125。

液態射源常使用於實驗室進行研究應用；醫療應用則使用同位素作為分析診斷與一些治療程序。非密封放射物料一般由製造者大量生產，然後再行小量分裝，送到終端使用者。

3.3.3　核電廠（Uuclear Power Station）

任何人一聽到輻射或核子，就立刻聯想到核電廠或核武。二者均是經由原子核分裂（fission）反應，去產生大量能量。什麼是原子核分裂？簡單地說，「分裂」就是另一個字「撕裂」（splitting）之意；當它用在核子物理的領域，就是指用中子撕裂原子。此種過程能釋出大量能量！

核電廠

原子核反應器就是利用核分裂的過程去產生熱；然後用熱將水溫提升，轉為蒸汽；應用蒸汽推動渦輪機（turbine），進而推動發電機，產生電力。

每公斤的天然鈾含有 1.8×10^{22} 個 U–235 的原子。每次分裂產生 0～5 個中子或平均 2.5 個中子。如果所產生的每一粒中子再撕裂另一個原子，又再產生 2 粒中子；然後這個過程繼續重複下去，10 次後共發生 1024 次的分裂。此種反應叫做連鎖反應（chain reaction）。最後，終因沒足夠燃料去維持反應之無限進行。這就是為什麼，一座核電廠必需把反應控制在一個特定速率下的道理。我們藉用原子核反應器的控制機制，就可能將反應加速、減慢或維持穩定。

下列名詞用來敘述核反應爐之速率：

- **臨界**（**critical**）──當每一分裂，有一粒中子可用於維持反應。
- **超臨界**（**super critical**）──當有一粒以上之中子，可供每一次之原子分裂，以增加反應速率，謂超臨界反應。
- **次臨界**（**sub critical**）──當所產生之中子數量，不足以維持

反應,謂次臨界反應。

3.3.3.1　我國核電廠

第一核能發電廠(簡稱核一廠)位於新北市石門區(圖 3-3),由臺電經營。它是台灣第一座核電廠,為 1970 年代推動的十大建設之一。民航局劃定核一廠周邊 2 海浬為限航區 R46(核能第一廠),晝夜連續限航。由於廠址距新北市金山區的中心街區較近,國際上多稱之為金山發電廠。(取自網路)

第二核電廠(簡稱核二廠)位於新北市萬里區,因廠址位於新北市萬里區與新北市金山區之間的國聖埔,又別稱為國聖廠。由臺電所經營,佔地 220 公頃,與台北市直線距離僅有 22 公里。交通部民用航空局劃定本廠周邊 2 海浬為限航區 R47(核能第二廠),晝夜連續限航。(取自網路)

第三核電廠(簡稱核三廠)是位於屏東縣恆春鎮,由台電經營,因鄰近馬鞍山而別名馬鞍山發電廠。民航局劃定本廠周邊 2 海浬為限航區 R45(核能第三廠),晝夜連續限航。其建廠於 1978 年,為政府推動的十二大建設之一。反應爐型式為輕水壓水式反應爐,是台灣唯一使用此型式反應爐的發電廠。由於整個廠區毗鄰南灣,也成為墾丁國家公園內的顯著地標之一。(取自網路)

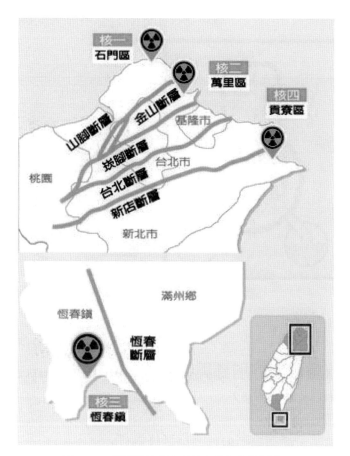

圖 3-3　我國核電廠位置（取自網路）

　　目前我國運轉中的三座核電廠皆為輕水式（圖 3-4），核一與核二廠為 BWR（Boiling Water Reactor，沸水式反應爐），而核三為 PWR（Pressurized Water Reactor，壓水式反應爐），裝載容量以核一為最小；用過燃料存放於電廠內。興建中的核四廠型式為先進沸水式（Advanced Boiling Water Reactor）。

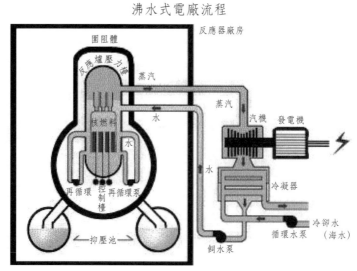

圖 3-4　沸水式反應爐流程

3.3.4　**故意置放的射源與髒彈**（Planting Sources & Dirty Bombs）

恐怖份子可能使用放射性或核能性物料的場合包括：

故意置放的輻射源（**Planting Sources**）

如果被故意地置放一個強的輻射源（也就是說，藏在一處有人使用／居住的場所），1～2 天後就可見到健康受損的效應。一個較弱的輻射源，所造成之健康效應，其出現時間可能需時較長（數星期或年），也較不顯著。

髒彈（Dirty Bomb）

　　髒彈是一種爆炸物裝置，又謂「放射性物質擴散裝置」（radio-logical dispersal device，RDD），其主要意向是發送放射性物質，以污染一個地方。被污染的地方之後續清除可能很難。人一旦曝露於輻射，可能產生短期和長期之效應。它利用爆炸的威力，將放射物料炸碎，成為細微顆粒。

　　髒彈最有可能被恐怖份子拿來當作放射性武器，因其製造所需的物料容易取得。此類放射性物料廣泛使用於醫院、研究設施、工業場所與施工工地；作為疾病診斷和治療、殺菌工具和焊接接縫檢查等之用 (12)。

【討論】

1. 銥 –192（Iridium–192）

　　銥–192是銥的放射性同位素，為 γ 射線之強釋放劑，因此工業放射攝影應用上，常拿來作為檢查金屬是否有缺損，便於修復的方法。

　　2014 年 5 月 7 日，天津宏迪工程檢測發展公司在中石化第五建設公司院內進行機械設備檢測作業時，遺失一枚放射源銥 –192。經專家探測，被鎖定於 2 平方公尺範圍內。且射源只有黃豆大，技術人員不能長時間近距離尋找，增加了搜尋困難；搜尋工作到 5 月 10 日上午在鎖定射源 2 平方公尺範圍內，每位工作人員穿防護衣、挖掘尋找 2 至 3 分鐘再換下一人接手，避免受輻射傷害。傍晚 6 點 5 分，當第 10 名工作人員作業時，終於發現射源，並挖出放入安全箱。（取自網路）

2. 鉕 –147（Pm–147）

鉕 –147 是人工放射核，常用於激發螢光裝置如螢光錶，發光式出口路牌等；亦用作厚度測量儀的放射源及核電池的能源。

3. 直線加速器（linear accelerator）

直線加速器是採用沿直線軌道分佈的高頻電場加速電子、質子和重離子的裝置。醫用直線加速器（圖 3-5）主要以體外放射治療為主，例如 HM-J-16-I 型雙光子醫用直線加速器是用於癌症放射治療的大型醫療設備，它通過產生 X 射線和電子線，對病人體內的腫瘤進行直接照射，從而達到消除或減小腫瘤的目的。直線加速器也是一種游離輻射源。

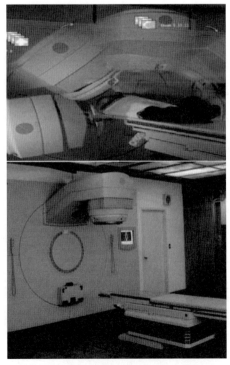

圖 3-5　醫用直線加速器（取自網路）

4. 核分裂（**fission**）

指由重核分裂成較輕核的核反應。鈾的核分裂最常見，捕獲中子後放出 2 個到 3 個中子，中子再撞擊其他鈾核，形成連鎖反應。

【習題】

【國考】

1. 下列何者非屬天然輻射源　(1)Co–60　(2)K–40　(3)U–235　(4)U–238　**Ans**：(1)

2. 下列何者非屬天然輻射核種　(1)Rb–88　(2)K–40　(3)U–238　(4)Th–232　**Ans**：(1)

3. 天然輻射源甚多，其中有　(1) 來自土壤中的鉀 –40　(2) 來自建築物的 Co–60　(3) 水中的鍶 –90　(4) 來自岩石中的鐵 –55　**Ans**：(1)

4. 下列何者為天然背景輻射的主要來源　(1) 核武試爆之落塵　(2) 南極臭氧層破洞　(3) 宇宙射線　(4) 核電廠放射性廢料　**Ans**：(3)

5. 我國輻射鋼筋污染之核種為　(1) 鈷 –59　(2) 鈷 –60　(3) 銫 –137　(4)Cs–134　**Ans**：(2)

6. 氡 –222 屬那一系列核種　(1) 鈾系　(2)Th 系（Thorium）　(3)Ac（Actinium）　(4) 鈽系　**Ans**：(1)

7. 宇宙射線是一種　(1) 制動輻射　(2) 非游離輻射　(3) 背景輻射　(4) 人造輻射　**Ans**：(3)

8. 下列何者非為「游離輻射防護法」中所指之背景游離輻射 (1) 宇宙射線 (2) 紫外線 (3) 存在於地殼中或大氣中之天然放射性物質釋出之游離輻射 (4) 核子試爆之落塵釋出之游離輻射 **Ans：(2)**

9. 氡–223 是那一核種衰變後的子核 (1)U–235 (2)U–238 (3) Th–232 (4)Pu–241 **Ans：(2)**

10. K–40 之半衰期為 (1)5 年 (2)10 年 (3)20 年 (4) 和地球年齡相當 **Ans：(4)**

11. 人體中所含有的天然放射性鉀同位素，其質量數是 (1)40 (2)41 (3)42 (4)43 **Ans：(1)**

12. 人體中皆含有的天然核種是 (1)I–132 (2)I–131 (3)K–40 (4)K–41 **Ans：(3)**

13. 大氣中存在的核種對肺部劑量貢獻最大者為 (1)C–14 (2) 氪 85 (3) 氡–222 (4)H–3 **Ans：(3)**

14. Rn–222 對肺組織的傷害主要來自 (1)α 粒子 (2)β 粒子 (3)γ 粒子 (4)X 射線 **Ans：(1)**

15. 鈾礦工人中誘發肺癌的主要元兇是 (1) 加碼射線 (2) 鈷 60 (3) Rn 及其子核 (4) 鈰元素 **Ans：(3)**

16. 天然游離輻射以何者造成之劑量最大 (1) 宇宙射線 (2)14C 造成的體內劑量 (3)Rn 及其子核 (4) 手機無線波 **Ans：(3)**

17. 目前我國核電廠之用過燃料存放於 (1) 電廠內 (2) 送國外處理 (3) 核能研究所 (4) 蘭嶼 **Ans：(1)**

18. 我國運轉中的核 一 廠是屬於沸水式，其縮寫為 (1)ABWR (2)APWR (3)BWR (4)PWR **Ans：(3)**

19. 我國運轉中的三座核電廠 (1) 皆為輕水式 (2) 核一為 BWR 而

核三為 PWR　(3) 裝載容量以核一為最小　(4) 曾發生汽機火災為

核二　　　　　　　　　　　　　　　　　　　　　　**Ans**：(123)

20. 核能四廠選用之反應器為　(1) 沸水式　(2) 壓力式　(3) 重水式

(4) 氣冷式　　　　　　　　　　　　　　　　　　**Ans**：(1)

21. 我國核電廠之核燃料是　(1) 含有約 3% 的 U–235　(2) 含有約 30%

的 U–235　(3) 含有約 3% 的 U–238　(4) 含有約 30% 的 U–238

　　　　　　　　　　　　　　　　　　　　　　　Ans：(1)

22. 我國核電廠熱量的主要來源是來自於何種作用？　(1) 快中子與

U–235　(2) 快中子與 U–238　(3) 熱中子與 U–235　(4) 熱中子與

U–238　　　　　　　　　　　　　　　　　　　　**Ans**：(3)

23. 核子反應器所進行的連鎖核分裂為　(1) 自發分裂　(2) 光子誘發

分裂　(3) 中子誘發分裂　(4) 質子誘發分裂　　**Ans**：(3)

24. 我們身體內皆含有的核種是　(1)I–131　(2)I–132　(3)K–40

(4)K–41　　　　　　　　　　　　　　　　　　　**Ans**：(3)

25. 以下那一核種的半衰期最長　(1)14C　(2)40K　(3)137Cs　(4)90Sr

　　　　　　　　　　　　　　　　　　　　　　　Ans：(2)

游離輻射作業場所 — 游離輻射安全標準

1. 輻射作業場所外圍空氣和水中之放射性核種，造成的劑量率不得

超過多少毫西弗／小時？　(1)0.02　(2)0.1　(3)0.5　(4)1.0

　　　　　　　　　　　　　　　　　　　　　　　Ans：(1)

2. 含放射性物質之廢氣或廢水之排放，對工作場所外地區中一般人

體外曝露造成之劑量，於一年內不得超過多少毫西弗？　(1)0.02

毫西弗　(2)0.1 毫西弗　(3)0.5 毫西弗　(4)1.0 毫西弗　**Ans**：(3)

3. 依「游離輻射安全標準」規定，設施經營者於規劃、設計及進行

輻射作業時，對輻射工作場所外地區一般人體外曝露造成之劑量，於 1 小時內不超過 X 毫西弗，1 年內不超過 Y 毫西弗。請問 X，Y 各為　(1)0.01、0.5　(2)0.02、0.5　(3)0.01、1　(4)0.05、0.1

Ans：(2)

第 4 章

輻射防護

〈Radiation Protection〉

4.1　一般說明

4.2　輻射防護策略（Radiation Protection Strategy）

4.3　ALARA（合理抑低）

4.4　緊急時之劑量管制（Regulated Doses）

4.1 一般說明

輻射防護之主要目的是保護人體、環境或財產，不受到任何有害或不必要之游離輻射劑量。一般而言，每個國家都會設立政府單位，去負責放射性物料和核物質之使用、管制和持有。

輻射防護的原則，簡單且易於了解。因應人員要採用 TDS 技術（附錄 2）去防護自己。曝露輻射的時間短，所接收的劑量就少；離射源越遠，曝露程度越低；適當的屏蔽，亦會減少曝露量。這種防護有時又謂 ALARA 原則（As Low As Reasonably Achievable，合理抑低）。

福島核電廠事故，日方以核電廠為中心，劃分為「內區」與「外區」；「內區」需疏散，而「外區」需掩蔽。於事故初期，疏散距離為 3 公里，掩蔽距離為 3～10 公里；隨著情勢的發展，將疏散距離調整為 10 公里，然因情境的惡化，進而延長至 20 公里。這些措施的目的不外藉由「距離」來減少／避免輻射污染和曝露，以及游離輻射對身體的效應。

本章之目的在於說明：

- 輻射防護策略。
- ALARA 原則（合理抑低）。
- 如何運用危害物防護之 TDS 技術。

4.2 **輻射防護策略**（Radiation Protection Strategy）

　　「打不到任何人的輻射，傷害不了任何人」是輻射安全之基本防護概念。時間（Time）、距離（Distance）與屏蔽（Shield）的策略應用，就是基於此防護概念。茲說明如下：

　　時間（T）——更多的半衰期（half-life）（圖 4-1）或較少的曝露時間，輻射風險也越低。圖 4-1 顯示 7 個半衰期後，放射性物料之輻射活度（activity）200mR/h，經由衰變過程會降到原有活度之 1% 以下，大大減少了因應人員之曝露風險。因應人員曝露時間愈短，接收到劑量也就越低。

　　距離（D）——離輻射源越遠，曝露也越少；反平方法則（Inverse Square Law）是應用此安全概念的簡單工具。簡單地說，如果你把離輻射源之間的距離加倍，輻射強度也隨之下降到原有的 1/4；距離拉長 10 倍，輻射強度就變成原來強度的 1/100。由於 α 和 β 粒子射得不遠，因此距離的應用主要是針對 γ 線的防護。

　　屏蔽（S）——雖然個人防護衣（PPE）可用來防護 α 粒子，但對 β 粒子，它只提供有限度的防護功能；對 γ 輻射而言無效。對 γ 釋放源，需使用鉛、混凝土或水等密度高的材質屏蔽（圖 4-2）。

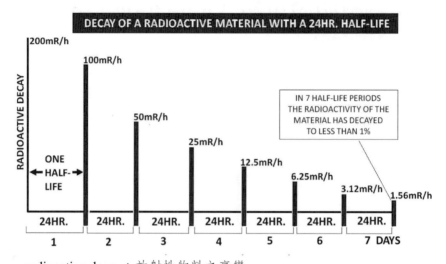

radioactive decay：放射性物料之衰變

圖 4-1　放射性物料之衰變──半衰期 24Hr 例 [2]

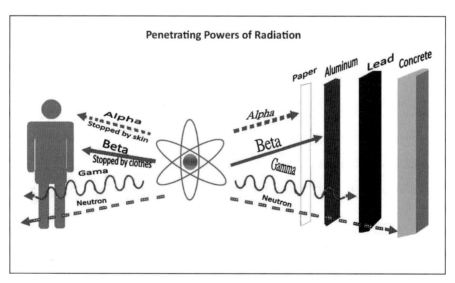

圖 4-2　各型態輻射線之穿透力

4.2.1　外部防護──TDS 技術應用

　　為了防護外部輻射（一般為 γ），很重要的，要將下列 TDS 技術（附錄 2）配合 ALARA 原則（合理可行的最低程度／合理抑低）來運用。TDS 是 Time（時間）、Distance（距離）與 Shielding（屏蔽）之縮寫。

時間（**Time**）

- 減少曝露時間（圖 4-3），可降低接受到的輻射劑量，如下式所示：

$$劑量（dose）＝ 劑量率（dose\ rate）× 時間（time）$$

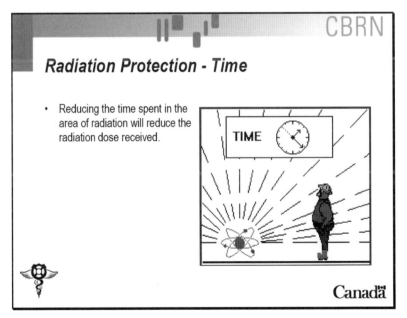

圖 4-3　輻射之外部防護──時間

【範例 1——時間】

　　茲假設某因應員（responder）於劑量率 500μSv/hr 區停留 30 分鐘。試問該因應員接受到多少輻射劑量？

　　劑量＝劑量率 × 時間

　　　　＝ 500 μSv/hr×0.5 hr

　　　　＝ 250 μSv

【範例 2——時間】

　　上題，假設該因應員只停留 1 分鐘。試問他接受到多少輻射劑量？

　　劑量＝劑量率 × 時間

　　　　＝ 500 μSv/hr×(1/60) hr

　　　　＝ 8.8 μSv

距離（Distance）

　　劑量與距離的平方成反比，當你行離輻射源，輻射效應隨之快速減小；反之，當你移近輻射源，輻射效應快速增加。（圖 4-4）

【範例 3——距離】

　　假設離輻射源 15 m 之劑量率（dose rate）為 1.45 mSv/hr，試分別計算離輻射源 10 m、5m、1m 之劑量率。

　　a. 離輻射源 10 m

　　未知劑量率＝已知劑量率 ×d^2/D^2

　　　　　　　＝ 1.45 mSv/hr×$(15m)^2/(10m)^2$

　　　　　　　＝ 3.26 mSv/hr

b. 離輻射源 5 m

未知劑量率 = 已知劑量率 × d^2 / D^2

$\quad\quad\quad = 1.45$ mSv/hr × $(15m)^2 / (5m)^2$

$\quad\quad\quad = 13.05$ mSv/hr

c. 離輻射源 1 m

未知劑量率 = 已知劑量率 × d^2 / D^2

$\quad\quad\quad = 1.45$ mSv/hr × $(15m)^2 / (1m)^2$

$\quad\quad\quad = 326.5$ mSv/hr

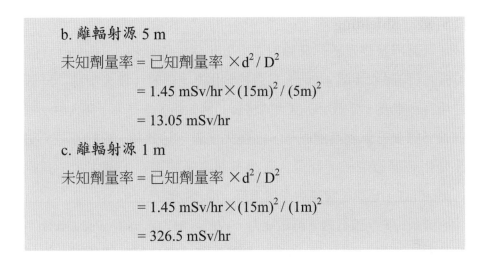

d = 已知劑量率之距離　　　D = 欲計算劑量率之距離
i = 距離 d 之已知劑量率　　I = 距離 D 之未知劑量率

圖 4-4　輻射之外部防護——距離

屏蔽（**Shielding**）

可將屏蔽物置於你和輻射源之間，例如隔離物（barrier）（圖 4-5a）、防護衣（圖 4-5b）。當選物料作為 γ 輻射（和 X 射線）屏蔽之用特別重要，要選用密度大的材質，例如鉛，這是為了讓入射 γ 波有很多機會打擊到其他原子，而喪失能量，藉此將 γ 輻射減弱。如果是用來屏蔽中子，要選含有很多氫原子的物料，例如水、石臘（paraffin），氫原子會讓中子慢下來，而為物料所吸收。

屏蔽物對 γ 放射線之屏蔽能力，我們以 HVL（half-value layers，半值層）來表示：一個 HVL 代表屏蔽某特定放射性同位素，將其劑量率減少到其原有的一半所需之屏蔽物的厚度。例如 Co–60 需 1.24 公分厚的鉛才能將它的劑量率減到原來的一半；如再增加一個 HVL，劑量率就降到原來的四分之一；再增加一個 HVL，劑量率就降到原來的八分之一。輻射安全官就是應用這種方法，去選用適當的屏蔽物料，並決定需用多少物料來屏蔽射源。

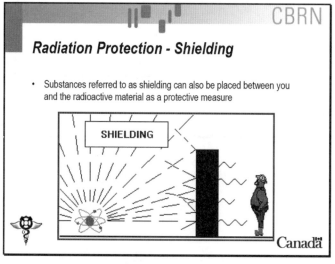

圖 4-5(a)　輻射之外部防護──屏蔽

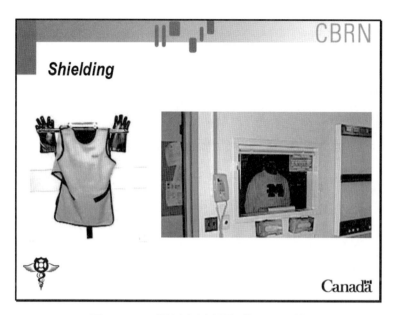

圖 4-5(b)　輻射之外部防護──屏蔽

【範例 4──屏蔽】

　　某一 Co–60 射源的劑量率是 10 Sv/hr，試計算如欲將劑量率降到 100 mSv/hr 以下，所需之鉛厚度。鉛對 Co–60 之 HLV 是 1.24 cm。

方法一

　　解本題的簡易方法是將 10 Sv/hr 除以 2 的結果，繼續除以 2，一直到結果低於 100 mSv/hr：

10 Sv/hr/2 = 5 Sv/hr -------------------------------------- n = 1

5 Sv/hr/2 = 2.5 Sv/hr -------------------------------------- n = 2

2.5 Sv/hr/2 = 1.25 Sv/hr -------------------------------------- n = 3

1.25 Sv/hr/2 = 625 mSv/hr -------------------------------------- n = 4

625 mSv/hr/2 = 312.5 mSv/hr -------------------------------------- n = 5

312.5 mSv/hr/2 = 156.25 mSv/hr ----------------------------- n = 6

156.25 mSv/hr/2 = 78.125 mSv/hr ----------------------------- n = 7

所以所需的鉛厚為 7 個 HVL，亦即 7×1.24 cm = 8.68 cm

方法二

2^n = 原有劑量率／所需之屏蔽劑量率

= 10 Sv/hr/0.1 Sv/hr

= 100

n log 2 = log 100

n = log 100／log 2

= 6.64

∴所需的鉛厚為 7 個 HVL。

4.2.2 內部輻射危害（Internal Radiation Hazards）

輻射源有很多型態，可能以固體、粉塵、粉末、液體、氣體、蒸汽或溶液出現。它們可能經由呼吸、消化道、注射或吸收等四種途徑進入人體。雖然大部份進入人體的放射性核種（radionuclide），幾天內就被排出體外，但仍然會有部份為器官所吸收；由於我們人體與這些放射性核種的互動是基於化學基礎，因此其吸收程度，視放射性核種類別而定。有些元素彼此在化學性上有很密切的接近，以至人體常常不能分辨它們，例如鍶（strontium）、鋇（barium）、鐳（radium）等放射性同位素與鈣在化學性上是相關聯的，所以一旦出現在我們體內，它們會傾向沈積於骨頭上；因此這類放射性同位素排出我們體外的速率很慢，如果是具較長半衰期者，它們可能停留在人體系統長達

數年，繼續照射敏感的骨髓、骨頭和身體其他部位。

預防吸入射源方法

對於內部射源曝露，可應用適當的 PPE（個人防護具）來阻止污染物進入人體。有數種方法可用來防止射源的吸入，從隔離員工與射源開始，然後引導員工、建立行政管制和應用一些普通常識。為增加員工之防護層，可將上述這些預防吸入射源方法組合應用。

呼吸防護具（Respirator）

諸多空氣污染物可用過濾器去過濾所吸空氣，或使用空氣供給式呼吸系統（例如空氣管式或 SBCA 式），阻止外界空氣之污染物進入呼吸系統。空氣供給式呼吸系統操作於正壓，可確保外面空氣不沿面罩與臉部接觸處進入面罩內。於核生化（CBRN）複合災害情境，宜採用 NIOSH 認證的 CBRN 呼吸防護具（本書附錄 7）。

防護衣（Protective Clothing）

防護衣提供皮膚與放射性污染物之間一層阻隔物。利用手套、衣褲相連之工作服（coveralls）、實驗室衣、靴鞋、護目鏡與頭套，通常可避免微粒污染物接觸到皮膚。防護衣材質通常為橡膠、塑膠或合成材質，需依所因應之化學物特性選用之。

上風（Upwind）

當於外圍設立站／據點時，很重要的是，要位於上風處。如此，當有任何空氣微粒時，因應人員才能處於安全地點。

隔離系統（Isolation System）

在某些作業情況下，這是可以去將放射性源和員工隔離的；排煙櫃與手套箱之應用是個例子（圖4-6），如有且適用，應使用之。

守則（Rule）

於放射性或潛在放射性處執行任何工作，不得吃、喝或抽煙。

個人衛生（Personal Hygiene）

於執行任何放射性工作後，應洗手。

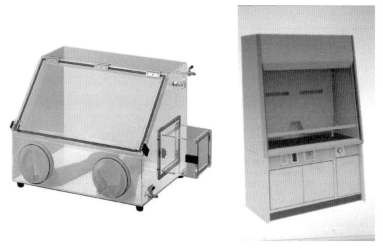

圖 4-6　手套箱與排煙櫃

降低體內曝露方法

放射核種一旦進入體內，降低體內曝露之方法：

- 減少吸收——例如進行皮膚除污、洗胃。

- 增加排泄──例如補充大量液體，服用鈣片、碘化鉀、利尿
劑等。
- 防止滯留──例如服用螯合劑。

4.3 ALARA（合理抑低）

曝露於放射性物質，即使是低劑量，仍然會面臨某些低風險，因此應施行 ALARA（As Low As Reasonably Achievable）的基本原則。它的目標是要使得輻射物料的曝露，儘可能可以合理地達到低程度原則，如此將使接收到的劑量達到最低。ALARA 原則可應用於外部與內部輻射之防護。[2]

因應人員要採用 TDS 技術去防護自己。記住，曝露的時間越短因應人員所接收到的劑量越少；輻射程度隨同你與輻射源之間的距離平方成反比，你離射源越遠，也就越安全，適當的屏蔽亦會減少曝露量。這種防護有時又謂 ALARA 方法。

4.4 緊急時之劑量管制（Regulated Doses）

每一個國家都有輻射物料之主管單位，致力於輻射防護的工作。這些法規設定緊急因應時和非緊急狀況，每人最高之允許劑量。表4-1是 US EPA（美國環保署）所訂定之因應員（responder）輻射曝露限值規範。因應員應了解自己國家之相關規定。

我國「嚴重污染環境輻射標準」

「嚴重污染環境輻射標準」（見附錄 1）係依「游離輻射防護法」第 38 條第 2 項規定（見附錄 3），於 92 年 1 月 30 日訂定發布。100 年 1 月 7 日，標準第二條第一款「有效等效劑量」修正為「有效劑量」。依本標準，未依規定進行輻射作業，而造成嚴重污染環境的條件如下：

- 一般人年有效劑量 ≧ 10 mSv。
- 一般人體外曝露之劑量於 1 小時內 > 0.2 mSv。
- 空氣中 2 小時內之平均放射性核種濃度 > 1000× 公告之年連續空氣中排放物濃度。
- 水中 2 小時內之平均放射性核種濃度 > 1000× 公告之清潔標準。
- 土壤中平均放射性核種濃度 > 1000× 公告之清潔標準；且污染面積 > 1000 平方公尺以上。

表 4-1　U.S. EPA 因應員輻射曝露限值規範		
劑量限值 （Dose Limit）	執行之活動 （Activity Performed）	條件 （Condition）
5rem	執行所有活動	
10 rem	保護重要建築物	再低的劑量限值不合乎實務
25 rem	搶救生命或保護廣大民眾	再低的劑量限值不合乎實務
> 25 rem	搶救生命或保護廣大民眾	因應員任務之進行應是自願性的；且完全知曉其所涉及之風險

註：1 Sv = 100 rem。

資料來源：US EPA Guidelines for Emergency Exposures at Radioactive Incidents

我國緊急曝露

依「游離輻射防護法」第 2 條，所謂緊急曝露係指發生事故之時或之後，為搶救遇險人員，阻止事態擴大或其他緊急情況，而有組織且自願接受之曝露。（附錄 3）

「游離輻射防護安全標準」第 17 條規定，設施經營者為：(1) 搶救生命或防止嚴重危害；(2) 減少大量集體有效劑量；(3) 防止發生災難，得採行緊急曝露。（附錄 5）

【討論】

1. 屏蔽物質

屏蔽物質的選用除考量經濟、重量、體積外，也要考量所欲屏蔽之輻射型態。α 粒子不構成體外危害，不必用屏蔽；β 粒子可能引發制動輻射（連續能量的 X 光），因此應以低原子序數物質（例如鋁）包在 β 射源內層，而外層屏蔽用高原子序數物質（例如鉛）。中子以含氫較多的物質（例如水、塑膠、石蠟）當屏蔽（因便宜）；水泥因堅固便宜為中子常用之屏蔽材質，也能有效屏蔽中子所附帶產生之 γ 射線。

2. 游離輻射危害控制

行政院原子能委員會是我國游離輻射防護之政府主管機關，該會依 ICRP 之建議，於 1991 年 7 月 10 日修正公布「游離輻射防護安全標準」（附錄 5），為保護輻射曝露工作人員的主要法規，明訂職業曝露之年個人劑量限度（第七條）如下：

- 全身有效（等效）劑量≦ 50m Sv／年；每連續五年週期之有效劑量≦ 100 mSv。

- 眼球水晶體之等價劑量≦ 150 Sv／年

- 皮膚或四肢之等價劑量≦ 500 Sv／年

【習題】

【國考】

1. 污染環境指因輻射作業而改變　(1) 動物和植物　(2) 農作物　(3) 建築物　(4) 空氣、水或土壤品質　　　　　　　　　Ans：(4)

2. 依嚴重污染環境標準，未依規定進行輻射作業而造成嚴重污染嚴峻的條件，係指一般人年有效劑量達　(1)2　(2)5　(3)10　(4)20 毫西弗者　　　　　　　　　　　　　　　　　　　Ans：(3)

3. 依「嚴重污染環境輻射標準」，未依規定進行輻射作業，若造成一般人年有效劑量達 XmSv，或體外曝露立劑量 1 小時內超過 YmSv 者，為嚴重污染環境。請問 X、Y 為何？　(1)5；0.02　(2)10；0.2　(3)10；0.02　(4)5；0.2　　　　　　　　　　Ans：(2)

4. 依嚴重污染環境輻射標準，未依規定進行輻射作業，若造成土壤核種濃度超過清潔標準 X 倍且污染面積達 Y 平方公尺以上，是為嚴重污染。X、Y 值各為　(1)10,000；10,000　(2)5,000；5,000　(3)1,000；1,000　(4)1,000；10,000　　　　　　Ans：(3)

5. 距一點射源 10 公尺處之曝露率為 50R/hr，試問距此點射源 2 公尺處之曝露率為多少 R/hr？　(1)1250　(2)250　(3)10　(4)2.3　　　　　　　　　　　　　　　　　　　　　　　Ans：(1)

6. 下列那種情況不得採行緊急曝露？ (1) 搶救財物 (2) 搶救生命或防止嚴重危害 (3) 減少大量集體有效劑量 (4) 防止發生災難情況 **Ans**：(1)

7. 下列那一項條件不符合施行緊急曝露的原則？ (1) 搶救生命或防止嚴重危害 (2) 減少大量集體有效劑量 (3) 防止發生災難 (4) 減少關鍵群體劑量 **Ans**：(4)

8. 依「游離輻射防護安全標準」（第 17 條）之規定，設施經營者在符合下列那些情況，始得採行緊急曝露？ (1) 搶救生命或防止嚴 重危害 (2) 減少大量集體有效劑量 (3) 防止發生災難情況 (4) 以上皆是 **Ans**：(4)

游離輻射防護法——安全防護

1. 游離輻射防護法——安全標準係依「游離輻射防護法」第幾條規定訂定？ (1) 第一條 (2) 第五條 (3) 第二十四 (4) 第二十六條 **Ans**：(2)

2. 我國現行「游離輻射防護安全標準」，在修訂過程中有引進參考「國際放射防護委員會」（lCRP）第幾號文件之劑量限值及管制週期？ (1)lCRP–30（2978） (2)ICRP–51（1987） (3)ICRP–60（l990）(4)lCRP–74（1997） **Ans**：(3)

3. 2006 年修正發佈之「游離輻射防護安全標準」，主要係參考「國際放射防護委員會」（ICRP）公布發表之幾號報告？ (1)ICRP–2 及 lCRP–9 (2)ICRP–26 及 lCRP–30 (3)lCRP–60 (4)lCRP–2005 **Ans**：(3)

4. 依游離輻射防護法第八條，下列何者應負責確保輻射作業對輻射工作場所以外地區造成之輻射強度與水中、空氣中、及污水下水

道中，所含放射性物質之濃度不超過「游離輻射防護安全標準」之規定？　(1) 設施經營者　(2) 輻射防護師　(3) 輻射防護員　(4) 輻射工作人員　　　　　　　　　　　　　　　**Ans**：(1)

ALARA

1. ALARA 為合理抑低原則之縮寫，其中 R 之意義為　(1)rem (2)reasonable (3)radiation (4)roentgen　　　　　　　**Ans**：(2)

2. 輻射安全中對於劑量應該合理抑低，此「合理抑低」之英文縮寫為　(1)ICRP (2)DAC (3)ALARA (4)IAEA　　　　　　**Ans**：(3)

3. 合理抑低原則（ALARA）是什麼的應用？　(1) 正當化　(2) 最適化　(3) 限制化　(4) 合理化　　　　　　　　　　　**Ans**：(2)

4. 在輻射防護限制系統中，經考慮到經濟與社會因素後，一切曝露應合理抑低是為　(1) 最適化（optimization）　(2) 正當化（justification）　(3) 限制化（limitation）　(4) 評估化（assessment）

　　　　　　　　　　　　　　　　　　　　　　Ans：(1)

5. 下列何者是值得推廣的輻射防護措施？　(1)ICRU (2)KERMA (3)ALARA (4)IAEA　　　　　　　　　　　　**Ans**：(3)

6. 下列何者不屬於合理抑低之考量？　(1) 工作人員之個人劑量　(2) 集體有效劑量　(3) 經濟因素　(4) 豁免管制量　**Ans**：(4)

7. 輻射防護之正當化是指　(1) 利益 > 代價　(2) 利益 = 代價　(3) 利益 < 代價　(4) 不付出任何代價　　　　　　　**Ans**：(1)

8. 依「輻射工作場所管理與場所外環境輻射監測準則」第 15 條規定，含合理抑低要考慮　(1) 關鍵群體劑量　(2) 集體有效劑量　(3) 個人及集體有效劑量　(4) 肢體劑量　　　　　　　　**Ans**：(3)

9. 為達合理抑低的措施，場所主管應訂定那三種基準且由劑量低至

高之排列為　(1) 記錄基準、干預基準、調查基準　(2) 調查基準、干預基準、記錄基準　(3) 記錄基準、調查基準、干預基準　(4) 排放基準、調查基準、干預基準　　　　　　　　　**Ans**：(3)

10. 下列何者不屬於合理抑低之考量？　(1) 工作人員之個人劑量　(2) 集體劑量　(3) 經濟因素　(4) 可忽略微量　　　　**Ans**：(4)

11. 下列何者不屬合理抑低措施？　(1) 記錄基準　(2) 調查基準　(3) 干預基準　(4) 劑量限度　　　　　　　　　　　　　**Ans**：(4)

TDS

1. 下列何種因素的改變可減少人員曝露劑量最多？　(1) 減少一個半值層的屏蔽厚度　(2) 增加人員至射源一倍距離　(3) 縮短一半的曝露時間　(4) 穿戴一個半值層的 Pb 防護衣　　**Ans**：(2)

2. 經過 10 個半衰期，活度僅為原有的　(1)2/10　(2)1/513　(3)1024　(4)2048　　　　　　　　　　　　　　　　　　　　**Ans**：(3)

3. 某 一 核種經過 10 半衰期後，其活度約為原來的多少分之一？
(1) 十　(2) 百　(3) 千　(4) 萬　　　　　　　　　**Ans**：(3)

第 5 章

游離輻射量度

(Measuring Ionizing Radiation)

5.1　一般說明

5.2　儀器如何運作？(How an Instrument Works)

5.3　偵檢器的類別 (Types of Detectors)

5.4　操作前檢查 (Pre-Operational Check)

5.5　輻射儀器類別 (Typs of Radiation Instruments)

5.1 一般說明

就在 1890 年發現 X 射線和自然輻射性後不久，科學家和物理學家開始了解到游離輻射的危害。因此游離輻射安全的努力，例如防護方案與容忍劑量的探討，打從 1930 年代就開始了。

如第一章所述，游離輻射是一種能量，以粒子或電磁波型態發射，因此我們看不到的它。它無味、無臭，成功的輻射安全方案大部分有賴於是否有能力去偵檢、鑑定和量度輻射；所以「游離輻射防護法」第十條（附錄 3）要求輻射工作場所外，應實施環境輻射監測，且擬訂計畫。

此外，配備放射性武器的恐怖團體，也是我們社會所面臨的最嚴重風險之一。不像核子武器，放射性擴散裝置（radiological dispersal devices，RDD）或髒彈（dirty bomb）並不難取得、運輸或製造；一個髒彈包括爆炸物（semtex，TNT）、縱火劑和放射性物質。引爆傳統的爆炸物可以將放射性物質擴散並污染人員、工具和設施。縱火劑所引發的火災可進一步將放射性物質擴散到空氣中，以擴大污染範圍。

髒彈含放射性物質，藉由傳統的爆炸物來分散；所幸放射性物質在被釋放前，就可藉由儀器偵檢到，因它能射出伽瑪（γ）線和中子。如果中間沒屏蔽物，數十公尺外就可偵檢到。感應器技術相當成熟，目前商業上已有呼叫式（Pager）和手機尺寸的手提式輻射偵檢計。

游離輻射是看不到、聞不到、感覺不到的，這點與其它化學劑或生物劑不同。曝露於很高的輻射劑量，能使得皮膚產生（或遲延產生）紅暈（或謂輻射灼傷）；然而，輻射曝露也可能全部消退，而不被偵檢到。其他可能出現的效應，如果是很嚴重的輻射曝露，於數分鐘內

（或更少）就出現；反之，如果曝露程度低，數十年後才會出現。所以要發現它，就必需使用輻射儀器去偵檢它、量度它。這樣子，我們才能管制身體所接收到的劑量。

本章之目的在於說明：

- 輻射偵檢儀器之基本架構與偵檢原理。
- 輻射偵檢器（detector）的類別與常用偵檢器。
- 輻射儀器（radiation instruments）之類別。
- 輻射儀器之選擇。

5.2 儀器如何運作？（How an Instrument Works?）

輻射偵檢的基本原理就是利用輻射與物質作用後，會產生電、光、化學或熱學反應（亦即離子對、閃爍光或電子電洞等現象），再以這些反應結果，經過蒐集、放大及處理，最後藉由顯示器顯示出來，決定輻射的存在與量。

輻射儀器有二種型式：劑量率計和污染計。所有的輻射儀器都由三個主要元件構成：

- 偵檢器（detector）──儀的這一部分用來偵檢輻射。游離輻射線與偵檢器起反應後，送出信號到儀器的電子元件。
- 電子元件（electronic component）──電子元件接收到由偵檢器送來的信號，再將其送到顯示器；電子元件同時也向偵檢器提供所需之高電壓，以維持其操作功能。

- 顯示器（display）──這一部分用來向使用者，展示所偵檢到的輻射。

5.2.1 一般輻射儀器說明

那麼到底要選用什麼儀器？首先，我們需知道要量度的是那種輻射場，以及欲使用之儀器的限制。依據此資料，就可選用儀器的特性與規格，去符合輻射場和應用的需求。表 5-1 列出輻射儀器之偵檢特性──主要作用、輸出信號與輻射場之輻射型態。

有一些因子會影響到儀器的選用，所欲量度的型態是最重要的因子。選用將基於是否要量度 γ 輻射劑量率（dose rate）或是否要執行污染監測？要留意任何宣稱，可同時量度兩者的儀器。最基本的是，如果需量度 γ 劑量率，所選用的儀器之顯示板面要顯示 Sv/h 或不是 cpm。同樣的道理，如果選污染計，它的量度單位為 cps、cpm，而不是 Sv/h。環境因子影響量度極大，特別是冷天氣和潮濕天氣。正如同任何電子儀器一樣，應小心去保持輻射量度儀器的乾燥和溫暖。對使用儀器的經驗，也會影響選用。當然無庸置疑的，要選用你最熟悉的和最有經驗的儀器；必要時，仔細讀它的使用說明書。

表 5-1　輻射儀器之偵檢特性 [9]				
偵檢儀器	主要作用	輸出信號	輻射型態	備註
1. 充氣式			$\alpha, \beta, \gamma, \chi$	
游離腔	游離	平均電流	α, β, χ	最適用於高劑量率情況 熱機時間長
比例式	游離	電壓脈衝	α, β, χ	回應時間短 無感時間亦短 ** 靈敏度較 G-M 型強
蓋格型	游離	電壓脈衝	$\alpha, \beta, \gamma, \chi$	與入射粒子種類、能量無關 無感時間最長（100～500μs)
2. 半導體	電子電洞	電壓脈衝	$\alpha, \beta, \gamma, \chi$	
3. 閃爍體	激發、光子、電子	電壓脈衝	$\alpha, \beta, \gamma, \chi$	
4. 熱發光劑量計	激發、光子、電子	電壓脈衝	β, γ, χ	

* 電壓脈衝：voltage pulse　** 無感時間：dead time

5.3　偵檢器的類別（Types of Detectors）

輻射偵檢器是整台儀器的一部分，用來偵檢游離輻射線。偵檢器類別決定了所偵檢的到底是哪一種型態的游離輻射線。下列是三種不同類別偵檢器：

- 充氣式腔（gas filled chambers）
- 閃爍針（scintillation probes）

- 半導體式（semiconductor）

5.3.1 充氣式偵檢器（Gas Filled Chambers Detector）

　　充氣式偵檢器有一個充滿氣體的腔室，其內有一條金屬線路為陽極（anode）、腔壁為陰極（cathode）（圖 5-1）。當放射線入射時，如將腔室施以高電壓（voltage source），形成電場；正離子就被吸往偵檢器的陰極，同時自由電子移向陽極。由陽極和陰極所蒐集的電荷就在電線形成小電流，流向偵檢器。祇要在兩極之間的電線，裝上很敏感的電流量度元件，就可以量度電流，而以信號呈現出來。進入腔室的游離輻射量越大，電流也越大。

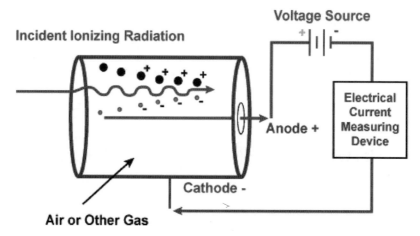

Incident Ionizing Radiation：入射游離輻射
Anode：陽極　　　　　　Cathode：陰極
Voltage Source：電壓源　Measuring Device：量度裝置

圖 5-1　充氣式偵檢器（Gas Filled Detector）[1]

　　此類偵檢器有下列三種：(1) 蓋格牟勒計數管（Geiger Muller Tube，G-M 偵檢器）、(2) 游離腔、(3) 比例計數器，但以前二種最普遍；G-M 偵檢器用於量度小輻射，游離腔用於量度大輻射。

(1) 蓋格牟勒計數管（**Geiger Muller Tube，GM Tube**）

　　GM 管是一種普遍的、也是最老的充氣式偵檢器，由 Geiger 氏和 Muller 氏於 1928 所開發，故謂 GM 計數器、蓋格管或蓋式偵檢器（圖 5-2）。

　　它可用來作污染偵檢和 γ 劑量率之量度。如果 GM 管具窗面，它可偵檢 α、β、γ 輻射之污染。窗面是用來讓較多之游離輻射（通常是 α、β 粒子）穿入 GM 管。窗面的大小，決定了儀器的總靈敏度；窗面積越小，儀器的敏度也越差。如果 GM 管不具窗面，就阻擋了 α 與 β 粒子的進入，因此只能用來量度 γ 輻射。置於 GM 管的屏蔽越多，對 γ 輻射靈敏度性也越差。

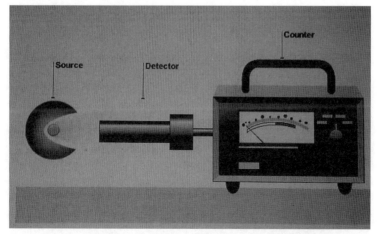

source：射源　　detector：偵檢管　　counter：計數器

圖 5-2　GM 偵檢器（GM Tube）（取自網路）

85

　　GM 計數器只要有輻射粒子進入管中，筒中氣體全部游離化並產生一個脈衝，且與入射粒子種類／能量無關；無感時間（dead time）較長（100～500μs），不適合量度高計數率的輻射。

(2) 游離腔（Ion Chamber/Ionization Chamber）

　　手提游離腔於第二次世界大戰時，由芝加哥大學所發展，應用於核分裂實驗時，量度 γ 與 β 輻射線之用。在那時候，他們設計了二種型式，命名為小餅乾型（圖 5-3）和 juno 型。這二種型式目前仍上市中，唯一更新的是其電子配件。小餅乾型游離腔很像一隻光線射槍（ray gun），前面突出一根圓錐柱。Juno 型調查計（Juno survey meter）曾風光地使用於 1940 年代後期到 1980 年代後期；它是應用一個過濾的游離腔去偵檢 α 與 γ 射線。

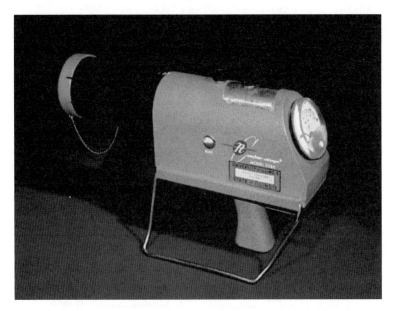

圖 5-3　手提游離腔——小餅乾型（cutie pie type）

游離腔對各種不同能量輻射範圍（10 KeV～10 MeV）有均勻的反應 [4] 與最扁平的 γ 輻射信號，是量度高程度 γ 射線之較佳方法；所量測的劑量最接近人體所接受的真實劑量值。

有二種游離腔：一種是密封加壓的游離腔，另一種是排氣的游離腔。它們廣泛應用於核電廠、研究實驗室、放射性照相、其他醫學領域以及環境監測。

應用注意事項：

- 最適用於高劑量率情況，特別是輻射場是由低能量的光子（photon）所組成時。

- 熱機時間長，約需五分鐘才能將偵檢器電壓穩定；所以要切記，使用前要熱機。

(3) 比例計數器（**Proportional Counter**）

比例計數器是 1940 年發展出來的充氣式偵檢器，有點像 GM 管，但靈敏度較強，可用來偵檢低能量 X 射線，也可用來偵檢中子。它的目的是用來偵檢一個大面積上之輻射污染。比例計數器以電壓脈衝（voltage pulse）操作，回應時間短、無感時間（dead time）亦短。

比例計數器電子訊號是依自由電子的蒐集而得，且不希望有負離子形成，因此腔內的充填氣體使用電子親和力低的鈍氣，例如氦（He）、氬（Ar）與氙（Xe）；目前最常用的是 P–10 氣體，它含 10% 甲烷及 90% 氬氣，其中甲烷主要作為焠熄劑。

5.3.2 閃爍偵檢器（Scintillation Detector）

市面常見的閃爍偵檢器，有各種不同直徑尺寸的圓錐形管。它的基本原理是藉用一種特殊的物質，當輻射線與它相互作用時，該物質會閃爍；最普遍的物質是一種叫碘化鈉鹽（NaI）。所用的閃爍材質種類，決定了所偵檢到的輻射線類別。

閃爍偵檢器由一晶體（閃爍劑）和一光電倍增管（PMT）所組成。當閃爍物質曝露於輻射線時，會產生光子（photon）；PMT 偵測到光子，於光陰極（photocathode）將可見光轉化為電子（electron），變成可量度之信號（圖 5-4）。

光電倍增管（Photomultiplier Tube，PMT）

PMT 為一真空玻璃管，其基本組件為光陰極、數個二次發射極（次陽極）及一個陽極。PMT 的前端是由對可見光敏感的特殊物質所組成，稱光陰極（photocathode）；中間由一系列的金屬電極組成，稱為二次發射極。

當光子撞擊光陰極表面，產生了電子，即所謂光電子（photoelectron）。這些電子被拉向一系列的板，即所謂 dynode（代納電極或謂次陽極）。當由光陰極出來的電子撞擊第一個次陽極表面，又再產生數個電子。此電子束又再被拉向下一個次陽極，又再產生更多的電子。如此一系列往前，當到達最後一個次陽極，電子脈衝已較它在倍增管前端大數百萬倍了。於此點，這些電子匯集於管末的陽極，形成電子脈；然後電子脈為儀器所偵檢到，以信號呈現之。

閃爍劑（scintillator）

　　輻射線照射於物質，此物質的一部分原子受到激發，當其恢復至原來狀態，會以光的型式釋放出多餘的能量，這就是閃爍光。閃爍劑就是會發生這種現象之物質。最常用的閃爍劑是碘化鈉（sodium iodide，NaI），可量度低量之 γ 輻射；碘化鋅（zinc iodide），可量度 α 輻射。碘化鈉晶體加入鉈（Thallium，TI），其主要目的為形成發光中心，產生閃光效應。

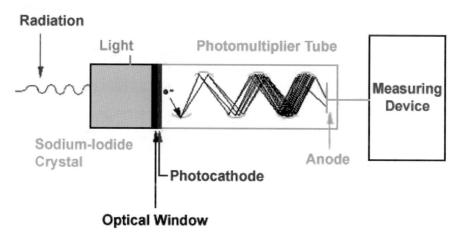

Radiation：輻射線　　　Anode：陽極　　Photocathode：光陰極
Optical Window：窗口　Measuning Device：量度裝置
Photomultiplier Tube：光電倍增管　　Sodium Iodide Crystal：碘化鈉晶體

圖 5-4　閃爍偵檢器（scintillation）(1)

5.3.3　半導體偵檢計（Semiconductor Detector）

　　因半導體電子元件之製程的快速發展，以半導體元件為輻射偵檢

器亦已陸續應用在輻射的監測上；主要使用於劑量計（dosimeter）。它們只是由碘化矽（silicon diode）所構成，用於偵檢 γ 輻射。γ 輻射產生電流，而為儀器的電子元件所量度到。半導體式偵檢器與充氣室式偵檢器兩者原理相同，但前者以半導體介質取代了後者兩極之間的氣體。跟傳統常用的碘化鈉偵檢器相比，半導體偵檢器的最大優點是價錢便宜。

5.3.4　中子偵檢計（Neutron Detector）

中子偵檢器通常使用塑膠材質製造，它應用閃爍偵檢原理。911 事件和 CBRN（核生化）反恐方案的發展以後，這種偵檢器也變得比較出名。一般的實務是，當輻射源已知釋放中子，有中子的地方就有 γ 射線。中子一般被認為只有在核電廠和核武的情境下才是個議題。

5.4　操作前檢查（Pre-Operational Check）

使用任何輻射儀器前，首要之務是先作一次操作前檢查，以確認該儀器功能正常。視使用之儀器別而定，進行輻射量度前，檢查下列五部份：

- 物理性損壞——檢查看看有無任何可見之損壞或破裂。
- 標定之黏貼條（calibration sticker）——檢查看看，有無有效之標定黏貼籤條。標定之有效期僅一年，因此如有需要，應重新標定。這是很需要去弄清楚的，所有的 γ 輻射調查計一

般均需以 Cs–137 射源標定過。

• 電池——進行電池檢查，以確認電池沒問題。

• 射源檢查——採用一個射源檢查，以確認該儀器對已知射源有反應。

• 零讀數——有一些儀器具有調為「零」的功能。

5.5 輻射儀器類別（Typs of Radiation Instruments）

5.5.1 γ 劑量率儀器（Gamma Dose Rate Instrument）

市面有很多種 γ 劑量率儀器（圖 5-5）。重點要記住的是，它需是一台已用 Cs–137 標定過的 γ 儀器，其準確度（accuracy）達國際標準 ±20%。γ 調查儀量度劑量率是以 Sv/h 或 rem/h（R/h）顯示。

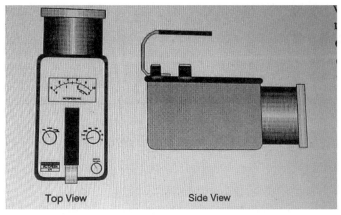

圖 5-5　γ 劑量率儀器例（取自網路）

5.5.2 污染調查計（Contamination Survey Meter）

市面有很多種污染調查計可供使用，其中以扁平圓盤狀型（pan-cake 型）GM 管偵檢器，最普遍使用於污染的偵檢，因它能偵檢出很多放射性同位素，是一種很好的搜索儀器。

用於偵測地面各類放射性物質污染時，偵測器面積常設計為 100 平方公分。我國法規規定，針對輻射表面污染偵測，應距離受測物表面 1 公分。

5.5.3 員工警報劑量計（Personal Alarming Dosimeters）

雖然員工警報劑量計是用來量度身體累積之劑量，劑量計也被認為是輻射防護上 PPE 之基本配件。第一線因應人員一般會先懷疑外部射源之劑量，因此劑量計必需要能偵檢出 γ 輻射。如果能偵檢中子輻射更好。適當除污步驟及使用 PPE 可防止曝露於污染，進而避免內部曝露。

不管緊急第一線因應小組選用何種型式之劑量計，它必需要小才能方便配戴。警報設定是很重要的，因為那是第一線因應人員一旦曝露於外部射源之最早指標！

5.5.4 輻射呼叫器（Radiation Pager）

輻射呼叫器偵檢裝置是一種看起來像通訊用的呼叫器，用來偵檢

γ 輻射和 X 射線，有些型號亦能偵檢高能量的 β 粒子。當輻射程度增加到超過背景值時，它會提供指示。背景值因地而異，一般而言在 10～20 μR（micro-rem）之間。許多炸彈技術人員，用它來評估與爆炸裝置有關的輻射危害。

呼叫器 -S 型（Pager-S）產生震動或發出聲響警告，此時表示已超過背景值 1～10 倍了。當呼叫器 -S 型開機，它會自行設定到背景輻射值。如果呼叫器讀數是 3，表示現在輻射讀數為原來背景值的三倍。當呼叫器／劑量計遇到高於背景值的輻射場時，會顯示出來，並且也提供劑量讀數。這種裝置能追蹤你日常輻射曝露，也能顯示目前的輻射程度；遇到高程度時，還會發出有聲警報！

5.5.5　商業化輻射監測儀（Commercial Radiation Monitor）

Smith RadSeeker 輻射監測儀（圖 5-6）同時配備二種偵檢器（detector）：

- 閃爍偵檢器（Scintillation Detector）—— NaI 結晶体（2”×2”）和 LaBr3 結晶体（1.5”×1.5”）
- 中子偵檢器（Neutron Detector）

RadSeeker 具分辨 NORM 輻射（不具威脅）或非 NORM 輻射（不具威脅）；前者為 La–138、K–40、Ra–226、Th–228、Th–232。

Smiths RadSeeker 輻射同位素鑑定儀

規格（超過 ANSI 42.34 之需求規範）

偵檢器配備 （Detector Type）	1. 閃爍式（Scintillation Detector） 碘化鈉（TI）結晶： 2"×2"NaI (TI) crystal 溴化鑭鈰晶體： 1.5"×1.5"LaBr3 (Ce) crystal 2. 中子偵檢器（Neutron Detector） Moderated 3He gas filled tube	1.NaI (Tl) crystal 置於不鏽鋼套內 （內有 PTMP 管） LaBr3 (Ce) 閃爍晶 體置於鋁套內（內 有 PTMP 管） 具有光產額高、能 量解析度好、衰減 時間短（16 ns） 等優點，廣泛應用 於國際防恐反恐。

儀器操作範圍 （Instrument Operating Range）	gamma 能量範圍： 25KeV~3 MeV 劑量率範圍 (a)CS 1urem/hr~ 12mem/hr（Cs137） (b)CL 1urem/hr~ 20 mrem/hr（Cs137）	
穩定 （Stabilization）	自動穩定	如冷開機需 2 分鐘
反應時間 （Response Time）	35~40 seconds	
威脅評估 （Threat Assessment）	可判斷是否為 Threat 或非威脅 （Innocent） IP 65	非威脅—— La–138、K–40、 Ra–226、Th–228、 Th–232
通訊 （Communication）	USB Ethernet Wi-Fi Direct Satellite phone	
資料儲存	USB	
數據庫 （Library）	可鑑定 41 種同位素	分成威脅／非威脅 ／工業／醫療之輻 射同位素
電源 （Power Supply）	AC /DC	

圖 5-6　RadSeeker 輻射偵測儀（Smiths）（高田公司，TEL: (02)27901477）

【討論】

1. 離子對（ion pair）

原子內的電子都具不同的能量，且均小於原子核對它的束縛能量（binding energy）。當輻射線射入原子，使得電子取得外來能量，一旦它的能量大於束縛能量，電子就會離開原子而射出；結果使原為中性的原子變成一個「離子對」，由一個帶負電荷的自由電子和帶正電荷的正離子所組成，此作用謂「游離」。

2. 無感時間（dead time）

係指偵檢器於感應一系列個別事件時，將兩個事件分開，以便能記錄為二個分開的事件，所需之最少時間（minimum time）。無感時間可能由於偵檢器本身的處理過程或因所屬配件的計數電子元件的關係所致 [12]。就輻射偵檢器而言，事件係指入射的輻射線；一般為 10^{-9} 秒即可感應第二個入射的放射線 [6]。無感時間越長，偵測效率減低。

習題

【是非題】

1. 比例計數器腔內的充填氣體常用 P–10，含 10% 甲烷及 90% 氬氣，其中氫氣主要作用為焠熄劑。　　　　　　　　　　　　**Ans**：（X）

2. 比例計數器腔內的充填氣體需具對電子的親和力低的特性，因為它的訊號是依靠自由電子的蒐集而得。　　　　　　　　**Ans**：（O）

3. GM 計數器的窗面大小，決定了儀器的總靈敏度；窗面積越小，

儀器的敏度也越差。 **Ans**：〔O〕

4. 閃爍偵檢器的閃爍材質種類，決定了所偵檢到的輻射線類別。

Ans：〔O〕

【國考】

1. 經過 10 個半衰期，活度僅為原有的 (1)2/10 (2)1/513 (3)1024 (4)2048 **Ans**：(3)

2. 某一核種經過 10 半衰期後，其活度約為原來的多少分之一？
   (1) 十 (2) 百 (3) 千 (4) 萬 **Ans**：(3)

3. 下列那一種偵檢器電子信號放大率最大？ (1) 游離腔 (2) 蓋格計數器 (3) 閃爍偵檢器 (4) 比例計數器 **Ans**：(2)

4. 下列那一種偵測器無法鑑別輻射能量？ (1) 碘化鈉腔 (2) 蓋格計數器 (3) 半導體偵檢器 (4) 比例計數器 **Ans**：(2)

5. 下列何種充氣式偵檢器適合作為每天例行性的放射性污染檢查或用來尋找遺失射源？ (1) 比例計數器 (2) 游離腔 (3) 蓋格計數器 (4) 袖珍劑量筆 **Ans**：(3)

6. 下列何者最適合用於偵測低劑量的意外污染 (1) 熱發光劑量計 (2) 蓋格計數器 (3) 游離腔 (4) 劑量筆 **Ans**：(2)

7. 需要光電倍增管的偵檢器是 (1) 閃爍偵檢器 (2) 半導體偵檢器 (3) 蓋格計數器 (4) 高壓游離腔 **Ans**：〔1〕

8. 下列那一個元件是閃爍偵檢器必備之單元 (1) 光電倍增管 (2) 磁控管 (3) 陰極射線管 (4) 柵流管 **Ans**：(1)

9. 光電倍增管為倍增 (1) 聲子 (2) 質子 (3) 電子 (4) 中子
   Ans：(3)

10.碘化鈉（T1）偵檢器是屬於 (1) 無機閃爍偵檢器 (2) 有機閃爍

偵檢器　(3) 游離腔偵檢器　(4) 半導體偵檢器　　　**Ans**：(1)

11.NaI（Tl）偵檢器可偵檢　(1) 聲子　(2) 氫氧　(3) 光子　(4) 彈子

Ans：(3)

12.下列何者係利用輻射照射後發光現象來偵測　(1) 鈍鍺偵檢器

(2) 碘化鈉（TI）偵檢器　(3) 蓋格計數器　(4) 比例計數器

Ans：(2)

13.輻射鋼筋的污染核種為鈷六十，它是用何種儀器鑑別出此核種？

(1)TLD　(2)GM　(3)NaI（Tl）　(4) 生化分析　　　**Ans**：(3)

14.下列那一個元件是閃爍偵檢器必備之單元：　(1) 光電倍增管

(2) 磁控管　(3) 陰極射線管　(4) 柵流管　　　**Ans**：(1)

15.我國法規規定針對輻射表面污染偵測，應距離受測物表面多少公

分做偵測　(1)0.1 公分　(2)1 公分　(3)10 公分　(4)20 公分

Ans：(1)

16.用於偵測地面各類放射性物質污染時，偵測器面積常設計為

(1)10 平方公分　(2)50 平方公分　(3)100 平方公分　(4)200 平方

公分　　　**Ans**：(3)

17.某樣品經 5 分鐘計測得 600counts，若此蓋格計數器之效率為

20%，則此樣品活度為　(1)10Bq　(2)60Bq　(3)100Bq　(4)600Bq

Ans：(1)

18.下列何者係利用輻射照射後發光現象而偵測？　(1) 純鍺偵檢器

(2) 碘化鈉（TI）偵檢器　(3) 蓋格計數器　(4) 比例計數器

Ans：(2)

19.請問閃爍偵檢器度量到訊號的前後過程為何？　(1) 光子與晶體作

用─光陰極產生電子─光電倍增管　(2) 光陰極產生光子─光子與

晶體作用─光電倍增管　　(3) 光陰極產生光子─光電倍增管─光子與晶體作用　　(4) 光子與晶體作用─光陰極產生光子─光電倍增管

Ans：(1)

20.下列何者不是閃爍計數器的系統元件？　　(1) 碘化鈉（TI）晶體　　(2) 定位電路　　(3) 光電倍增管　　(4) 脈高分析儀　　**Ans**：(2)

21.閃爍攝影機的 NaI（TI）晶體作用為　　(1) 引導伽碼射線　　(2) 將伽碼射線轉變成能量　　(3) 將伽碼射線變成光線　　(4) 將伽碼射線變成電子訊號　　**Ans**：(3)

22.NaI 晶體常加入那一種雜質，以晶體為發光的動作中心？　　(1)Tc　　(2)TI　　(3)Ga　　(4)In　　**Ans**：(2)

23.於碘化鈉摻入 TI（Thallium，鉈），其主要目的為　　(1) 形成發光中心產生閃光效應　　(2) 使碘化鈉晶體不受外界濕氣影響　　(3) 降低碘化鈉晶體破裂機率　　(4) 提高碘化鈉晶體有效原子　　**Ans**：(1)

24.某一輻射偵檢器包括一晶體和一光電倍增管，晶體通常為碘化物，而光電倍增管的基本組件則為光陰極、數個二次發射極及一個陽極。問此一偵測器是何種偵測器？　　(1) 游離腔偵檢器　　(2) 蓋格偵檢器　　(3) 閃爍偵檢器　　(4) 半導體偵檢器　　**Ans**：(3)

25.跟傳統核醫常用的碘化鈉偵檢器（NaI detector）相比，半導體偵檢器（semiconductor detector）的最大優點是：　　(1) 價錢便宜　　(2) 提高敏感度　　(3) 高能量解析度　　(4) 高空間解析度　　**Ans**：(1)

26.光電倍增管中，將可見光轉化為電子的組件為：　　(1) 光陰極　　(2) 陽極　　(3) 代納電極（dynode）　　(4) 鑑別器（discriminatory）

Ans：(1)

27.閃爍偵檢器中，儀器的那個部份能將光子吸收而釋放出光電子

(1) 晶體　(2) 光陰極　(3) 次陽極（dynode）　(4) 反光體

Ans：(2)

28.開始啟動碘化鈉偵檢系統時，係將高壓加在　(1) 碘化鈉晶體
(2) 光電倍增管　(3) 鋁罩　(4) 放大器　　　　**Ans：(2)**

29.光電倍增管中，不含那種組件？　(1) 光陰極（photocathode）
(2) 二次發射極（dynode）　(3) 陽極（anode）　(4) 鑑別器

Ans：(4)

30.有關 PMT 的敘述，何者錯誤？　(1) 前端由對可見光敏感的光陰
極組成　(2) 中間由一系列的金屬電極組成，稱為極體　(3) 為一
真空玻璃管　(4) 管末端為碘化鈉晶體　　　　**Ans：(4)**

31.輻射偵檢器上的單位是 cps，此偵測器多半是什麼？　(1) 游離腔
(2) 比例計數器　(3) 蓋格偵測器　(4) 熱發光劑計　**Ans：(3)**

比例計數器

1. 環境監測用之低背景 α、β 計測系統，多半採用什麼偵測器？
(1) 游離腔　(2) 比例計數器　(3) 蓋格計數器　(4) 熱發光計量計

Ans：(2)

2. 比例計數器一般使用電子親和力低的氣體，通常使用　(1)P–10
(2)BF–3 氣體　(3) 氮氣　(4) 空氣　　　　**Ans：(1)**

3. 用於比例計數器的氣體 P–10 含 10% 甲烷及 90% 的　(1) 氮氣
(2) 氧氣　(3) 空氣　(4) 氬氣　　　　**Ans：(4)**

4. 比例計數器最常填充 P–10 氣體，它含有 90% 氬氣及 10% 甲烷，
其中甲烷主要作用為何？　(1) 焠熄劑　(2) 充填氣體　(3) 氧化劑
(4) 還原劑　　　　**Ans：(1)**

5. 充氣式偵檢器中適合用來偵測低能量 X 射線能譜以及用來偵測中

子的是那一種？　(1) 比例計數器　(2) 游離腔　(3) 蓋格計數計

(4) 以上皆是　　　　　　　　　　　　　　　　　**Ans**：(1)

6. 能使中性原子分為正負兩個帶電離子的現象為　(1) 原子分裂

(2) 輻射　(3) 游離　(4) 互毀　　　　　　　　　　**Ans**：(3)

無感時間

1. 下列何種偵檢器的無感時間最長　(1) 游離腔　(2) 純鍺半導体偵

檢器　(3) 比例計數器　(4) 蓋格計數器　　　　　　**Ans**：(4)

2. 下列那一項操作因素可能造成輻射偵檢器無感時間損失最嚴重，

影響度量準確度亦最大？　(1) 高能量入射粒子　(2) 低能量入射

粒子　(3) 高計數率　(4) 低計數率　　　　　　　　**Ans**：(3)

第 *6* 章

輻射監測技術
（*Radiation Monitoring Techniques*）

6.1 一般說明

6.2 執行輻射調查（Performing a Radiation Survey）

6.3 污染調查技術（Contamination Survey Techniques）

6.4 我國法規──環境輻射監測準則

6.1 一般說明

電子監測器和偵檢器平常需要維護，否則當你需要它時，它不一定能正常運作。你把它充滿電，放在架上一年後，也許你能開機，但部份元件可能就無法操作。這些裝備必須標定（calibration）和調整才能給出正確讀數。所有的儀器均需定期標定，以確保其正確性（accuracy）和精密度（precision）。「正確性」係指儀器讀數與大氣中實際程度是如何地接近。如果大氣中 γ 輻射為 10 戈雷，且儀器的讀數也是 10 戈雷，那麼該劑量計具「正確性」。如果該儀器重複量度五次，每次的讀數均為 10 戈雷，謂具「精密性」。

反應時間（response time）也是個與監測器有關的議題。反應時間又謂延後時間（lag time），是所有監測器的共同議題。當儀器曝露到大氣中，它需要花一點時間去「讀」大氣；表 6-1 是各種監測器／感應器的反應時間。輻射監測器的反應時間很長，對某種輻射程度可能需時 90 秒去反應。所以當用鬆餅型偵探計去測 α 輻射，需時甚長才能取得讀數 [2]。

偵檢儀可用來確認危害物的存在與量度其濃度。然而其有效之應用需要實際曝露於危害物（或其粉塵、蒸氣或煙霧）中，以便量度它，所以使用者往往限於操作級的第一線因應員（first responder），輻射監測器的使用亦不例外。

6.2 執行輻射調查（Performing a Radiation Survey）

在用任何輻射儀器進行輻射調查前，要記住一件事：

「讓儀器反應 !!!!」

儀器移動速度會大大影響它的偵檢能力，通常會犯的錯誤就是把儀器移動得太快，以至錯失了可偵檢到的輻射。因為可能是，移進一處高輻射區，儀器尚在針對新場所調整它的讀數（表 6-1）。

輻射量測有二類：

- 量度輻射劑量率用的「γ 輻射量測」。

- 尋找污染存在的「污染量測」。

表 6-1　各種監測器反應時間例 [2]		
監測器（Sensor / Monitor）	反應時間（Response Time）	危害類別（Hazard Category）
PID 光游離偵測器 *（photoionization detector）	1～2 sec	毒性
LEL 含取樣泵（CGI）**	7 sec	火災
LEL 不含取樣泵（CGI）	～30 sec	火災
CO and H2S	20 sec +	毒性
Ion Mobility***（例如 APD200）	1 min	化學戰劑
輻射監測器	1 min	輻射性

註 *PID：一般而言，可同時用於偵檢許多有機或一些無機氣体和蒸汽，於化學危害未被鑑定出的場合特別有用。

　**CGI：Combustible Gas Indicator（可燃性氣體指示器）

　*** Ion Mobility Spectroscopy（離子流動光譜法）

6.2.1 γ**輻射調查技術**（**Gamma Radiation Survey Techniques**）

當執行 γ 輻射量測時，是要量度輻射劑量率（dose rate），所以量測單位是 Sv/hr 或 R/h（rem/h）。一旦已選用了某適當儀器，應遵循下列步驟：

(1)完成該儀器之操作前的儀器檢查。如果儀器檢查不通過，勿使用該台儀器執行 γ 輻射量測；換另外一台。

(2)於進入調查區前，要確認儀器已開啟（turn on），且正讀取背景值。記住！如果指針超越讀表刻度（scale），相信它！立刻循原路退回。

(3)當手握 γ 量測計時，以輕鬆的方式，張開於手臂的寬度。

(4)當執行量測時，採用「十字架量測」技術（cross survey technique）（圖 6-1）；把輻射器從使用者頭上方移到下方，然後由身體中間從左往右移。要慢慢地移動輻射器，以便讓它能反應低程度的 γ 輻射。

(5)如果可能，沿整區、整個房間、或整座建築物量測。這樣子作，當我們進入該區時，也許能提供有用的資訊。

(6)量測整個進入區。如果發現有劑量率讀數經由窗戶、牆壁、椅或桌上方發出，從另側量測。要順著讀數，追污染源。勿假設從表面來的輻射讀數，就是從那個表面發出來的。

(7)繼續注視輻射器的顯示器和／或聽其音響。

(8)以「十字架量測」技術對房間或區域進行系統性 γ 量測，直到找出輻射，或已到你的限值。

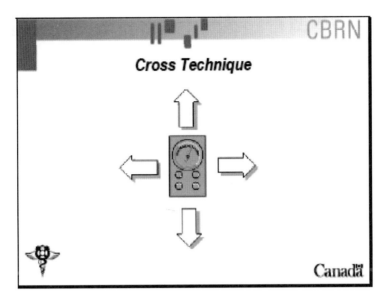

圖 6-1　十字架量測技術

(9)要留意於量測區內，任何物件是否可能把輻射遮蔽了。

我們應注意，當讀數 < $10\mu Sv/h$ 時，大部分的 γ 量測計之讀數傾向波動。這是正常的，不必花時間去等著量測此低程度的劑量率。

γ 射線行走距離最遠，它是外部曝露的主要危害。高於背景值的陽性讀數，表示輻射危害的存在。但如果初步的 γ 輻射讀數是陰性，但線索指出放射性物料可能存在，應另行加作 β 和 α 射源量測。

6.3 污染調查技術（Contamination Survey Techniques）

　　當某處已曝露於液態的、擴散的或固態的輻射性物質時，我們就要做污染監測。如果輻射發送裝置已被使用過，我們應了解到，整個區或整個房間可能已被污染了。而且由於污染儀器的敏感度，一個密閉輻射源如被偵檢到，很容易讓指針跑到讀表之刻度外。當讀數是作為污染量度時，其單位是以 cpm、cps 或 Bq/cm^3 呈現。

6.3.1　直接調查技術（Direct Survey Technique）

　　第一線因應員（first responder）最常用的調查類別，是一種直接的調查。當一台儀器的應用係針對所出現之污染，不管污染是附著的或鬆散的，所執行就是一種污染調查。執行污染調查，可用下列方法：

(1)依據所要偵檢／量度的同位素，選用一台污染調查計。如果同位素（isotope）有一種以上，要選用靈敏度最好的儀器；在大部份的情況下，可採用薄煎餅型計（pancake contamination meter）。

(2)執行儀器操作前的檢查，如此項檢查失敗，勿用此儀器去執行污染調查。改用另外一台，並再完成操作前之檢查手續。

(3)進入所欲量度地區之前，要確認儀器已開機，並於所設定之最短反應時間（response time）內，顯示背景讀數。

(4)將反應設定調到最快（如果可能），並移近所欲量度之表面。

握住儀器，使其離表面 1cm。要確認儀器未接觸到所欲量度之物件表面，以防止儀器被污染。

(5)當執行調查時，要沿著最靠近的邊緣或地面量度，慢慢地容許儀器有充分的時間去反應。一個好的遵守規則是，每 5cm 的調查表面，要給儀器 1 秒鐘的時間去反應。如移動太快，你可能會遺漏掉污染。依上述原則，沿表面移動量測計一回合（one pass），然後再沿表面往前深入下一回合。依此步驟進行，直到全部表面已調查完畢。

(6)當進入一個未知之處的門時，首先立刻於門處量測，然後量測門的把手。

(7)繼續觀察你的量度計，注視顯示面板和／或聽音響。

(8)執行房間或地區之系統性的污染調查。確認對這些經常性被摸觸到的帶子（tap）、電話、電腦、鍵盤等物件，進行量測。

(9)當執行污染調查時，要留意任何能屏蔽污染的物件（object）。

6.3.2 間接污染量度（Indirect Contamination Measurement）

所謂污染係指放射性物料實際直接接觸到人體、衣服或物件。有三種型態的污染 [2]：

- 固定式污染（fixed contamination）——不易從表面移除。無法藉由一般的接觸，把它移除，但當表面經攪動，也許可把它釋放（例如磨擦或用液體清理）
- 可移除性污染（removal contamination）——能簡單地從表面

移除。任何物件一接觸到它就會被污染，例如擦、刷或洗也許它就轉移到其他地方。

- 空氣中污染（airborne contamination）——此類污染懸浮於空中。

間接污染量度方法包括用抹布擦拭表面，看看有無存在任何附著式或可移除性（鬆散的）的污染物。其目的有二：(1) 判定污染是鬆散的或固定的、(2) 去執行分析，以了解污染來自何種同位素。一般而言，擦拭方法可擦掉物件表面上約 10% 的可移除性污染物。

為增加抹布吸附性，於擦拭乾燥表面前，先沾水弄濕。抹布尺寸大小約 100 平方公分或大一點，因為目的是看看有無污染。要注意，為了保護自己，至少於擦拭前應戴上塑膠手套，以避免被污染。

抹布也可讓你用擦拭方法，去判斷污染是否存在高背景區；擦拭後拿到已知背景區，依污染步驟去量度它。進行時，自己身軀也可當屏蔽用。

6.3.3　監測結果的建檔

監測結果應建檔並涵蓋下列項目 [2]：

- 儀器——所用之監測儀器型號。
- 位置——監測位置（例如 GPS 讀數、交通管制錐、旗子等等）。
- 時間——進行監測的時間。
- 高程——監測貝克讀數讀取時之高程（例如英呎、腰高、頭部高）。

• 讀數——儀器給的實際讀數。

6.4 我國法規——環境輻射監測準則

「輻射工作場所管理與場所外環境輻射監測準則」（附錄 4）有下列重要規定：

• 核子反應器設施運轉前 3 年，經營者應提報「環境輻射監測計畫」，並進行至少 2 年之環境輻射背景調查。（第 19 條）

• 經營者執行環境輻射監測時，如發現監測值超過預警措施之調查基準，應於 30 日內以書面通報主管機關備查。（第 20 條）

• 當環境試樣放射性分析數據大於預警措施之調查基準，分析數據，應保存 10 年。（第 24 條）

• 放射性廢棄物處置場之環境輻射監測分析數據，應完整保存至監管期結束為止。（第 24 條）

• 使用 Co–60 之照射場，不用實施環境輻射監測。（第 17 條）

【討論】

1. 離子流動光譜法（ion mobility spectrometer，IMS）

IMS 是一種手提式偵測技術，以幫浦將氣體試樣抽入一反應室內；然後將空氣離子化。離子化的粒子通過一弱電場移向一個離子偵測器。依據它移到偵測器所需之時間，就可以鑑明污染物。基本上，本法是利用電場去辨識離子流動速率之差異。這種方法的反應時間很

短，視化學劑之濃度而定。[16]

2. FTIR 傅立葉轉換紅外線光譜分析儀

當分子上的原子振動／轉動會吸收特定能量，不同的分子振動有不同的吸收，其範圍位於紅外線範圍（波長在 25～50nm 的電磁輻射），形成所謂紅外線（IR）光譜。我們可藉由 IR 光譜來觀察分子的基本結構。

紅外線光譜儀是光譜分析儀的一種，紅外線分光光度計發射紅外線而被試料吸收，此與試料的轉動和振動相關，由紅外線光度計發射而殘餘的光，透過並監視後以記錄紙記錄下來，被記錄下來之透過光線稱為紅外線光譜。

利用 FTIR（Fourier Transform Infrared Rays Spectrometer）原理可快速偵測現場不明氣體，可達 ppb 級濃度偵測值。Smiths model Gas ID 之 FTIR 偵測儀（圖 6-2）內建 5500 種圖譜可供比對。

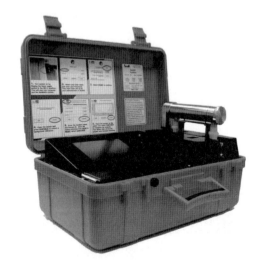

Smiths Gas ID

手提式傅利葉轉換紅外線分析儀　Unknown Gases Analyzer

偵檢器簡介	可在本機的觸控螢幕上直接操作，紅外線圖譜及比對的結果，並可儲存資料於本機內。可於同一視窗顯示樣品光譜訊號圖以及資料庫比對結果，具有圖譜掃描比對以及官能基判別功能。	偵測原理：FTIR（Fourier Transform Infrared spectroscopy）
重量	主機含電池 12 公斤	
光學設計	採用麥克森干涉儀（Michelson Interferometer）及 ZnSe 防水材質分光片。軟體自動光學調校（automatic optic alignment）與自我診斷功能（Diagnostic）。	
光譜掃瞄範圍	包含 $4,000 \sim 650 \text{ cm}^{-1}$ 之範圍。	
採樣方法	內建氣體樣品分析槽以及抽氣幫浦，不需要拆卸及重新安裝定位調校，配合採樣管及採樣袋作採樣工作，可使用熱脫附進樣裝置及氣體採樣袋進樣分析。	
分析比對時間	小於 1 分鐘	
圖譜資料庫	至少 5200 個圖譜資料庫，供比對（NIST/EPA & WMD）	
參考資料庫	有 100,000+ 筆「有危險性物質」的資料 EPA 反應的資料 NFPA 704 危險等級系統 DOT 緊急反應指導書 (ERG) CHRIS 手冊 NIOSH 口袋指導手冊	物理和化學特性、可曝露的極限值、曝露後產生的症狀、人員防護的指導、正確反應的方法
資料儲存	USB	
電源	AC 電源（室內電源）；可充電電池（或鋰電池），每只電池可使用 2 小時，並可使用 AC 電源充電。	110V 60Hz & 可充電電池

圖 6-2　Gas ID 傅利葉轉換紅外線分析儀（Smiths）（高田公司）

【習題】

1. 依運送規則，物體表面每平方公分面積上之 β 發射體，活度高於多少以上即為污染： (1)0.04 貝克 (2)0.4 貝克 (3)4 貝克 (4)40 貝克　　　　**Ans**：(2)

2. 我國法規規定，針對輻射表面污染偵測，應距離受測物表面多少公分做偵測 (1)0.1 (2)1 (3)10 (4)20　　**Ans**：(2)

3. 用於偵測地面各類放射性物質污染時，偵測器面積常設計為 (1)10 (2)50 (3)100 (4)200 平方公分　　**Ans**：(3)

4. 核子反應器設施運轉前 X 年，經營者應提報「環境輻射監測計畫」，並進行至少 Y 年以上環境輻射背景調查，此 X、Y 分別為 (1)2，1 (2)3，2 (3)4，2 (4)5，3　　**Ans**：(2)

5. 經營者執行環境輻射監測，發現監測值超過預警措施之調查基準，應於 (1)24 小時內通報主管機關 (2)3 天內通報主管機關 (3)7 日內以書面報告送主管機關 (4)30 日內以書面報主管機關備查　　**Ans**：(4)

6. 當環境試樣放射性分析數據大於預警措施之調查基準，分析數據應保存多少年？ (1)3 (2)5 (3)10 (4)30　　**Ans**：(3)

7. 依「**嚴重污染環境標準**」，未依規定進行輻射作業而造成一般人年有效劑量達多少毫西弗者，為嚴重污染環境？ (1)2 毫西弗 (2)5 毫西弗 (3)10 毫西弗 (4)20 毫西弗　　**Ans**：(3)

8. 若造成環境土壤中放射性核種濃度超過公告之清潔標準 X 倍，且污染面積達 Y 平方公尺以上，即被認定為嚴重污染，X、Y

值各為　(1)10,000，10,000　(2)5,000，5,000　(3)1,000，1,000

(4)1,000，10,000　　　　　　　　　　　　　　**Ans**：(3)

第 7 章

輻射事故和現場管制
(Radiation Incidents and Scene Control)

7.1 一般說明

7.2 潛在污染病人之處置 (Handling of Potentially Contaminated Patients)

7.3 檢查人員與工具輻射污染 (Checking Personnel and Equipment for Radiation)

7.4 於輻射區作業 (Working in Radiation Areas)

7.5 安全撤出之劑量率 (Safe Back-Out Dose Rate)

7.6 偵察與清潔／污染線 (RECCE and the Clean/Dirty Line)

7.7 建立熱區 (Establishing the Hot Zone)

7.8 射源回收 (Source Retrieval and Recovery Techniques)

7.1 一般說明

於 1944～2000 年間共有 417 次意外，導致顯著游離輻射曝露，造成 127 人死亡，包括 1985 年的車諾比（Chernobyl）核電廠事故死亡的 28 位操作員和消防隊（見第二章）。

輻射事故主要發生於醫療或研究單位的密封射源或 X 光源，以及輻射醫療設備。未密封射源意外非常少，極端意外（核子意外）更少。至於放射性物料運輸中之輻射意外，從未曾導致過度之曝露。

這些涉及密封射源意外幾乎有一半（48%）是銥（Ir–192，iridium）；超過 1/4（29%）是鈷（Co–60）；其他涉及密封射源意外尚包括銫（Cs–137, cesium）6%；鈽（plutonium）和鈾（uranium），6%；鋂（Am–241，americium）；2%；鐳（radium），1%；釙（Po–210，polonium），1%。

銥（Ir–192）、鈷（Co–60）、銫（Cs–137）和鐳是 γ 射線之強釋放物，約需 5cm 厚的混凝土或 2cm 厚的鋼，才能把這些射源之劑量率減半（HVL）。上述射源之主要危害來自外部曝露。

鋂（Am–241）和釙（Po–210）是 α 射線釋放物，只釋放相當低量的 γ 射線；由於如此，它們較困難被偵檢到，α 粒子幾乎很容易用任何覆蓋法（covering），甚至一張薄紙加予屏蔽（第一章，圖 1-1）。這些射源的主要危害是經由呼吸或消化道進入身體，導致內部污染。

上述這些輻射源之半衰期（half-life）很長，從 74 天的銥（Ir–192）到長達 4.5×10^9 年的鈾（U–238），所以意外或初步因應後，仍無法立刻觀察到活度（activity）的減少。

碘 –131 之半衰期只有 8.02 天（表 1-3），一般例行性之輻射監

測器不容易偵檢到它的存在；因此一旦檢出碘 –131，表示為新發生之污染源。銫 –137（Cs–137）之半衰期長達 30 年，在食物被檢出則常見；1986 年車諾比核電廠事故，目前周遭土地仍為銫 –137 所污染。

本章之目的在於說明：

- 處理輻射事故時，對現場控制應有之了解。
- 檢傷方法與 START 檢傷模式。
- 射源回收技術。

7.1.1　大陸放射源事故概況

1988～1998 年間全大陸各種放射性事故有 332 次，導致 966 人受輻射曝露；其中放射源丟失事故佔 8 成，所丟失之放射源共 584 枚，其中 256 枚無找回。90 年代，大陸放射性源事故率為美國的 40 倍。

著名案例

(1)2001 年趙宏偉等三人將所查獲之銥 –192 密封射源放置床頭櫃，10 多天後導致嗅覺喪失、中度耳聾、喪失生育能力。

(2)2005 年，哈爾濱市一社區百餘人遭銥 –192 輻射，導致一人死亡。

(3)2009 年，廣州番禺輻照技術研究中心因操作失誤，連續輻射48 天無法處理，引起貨物自燃。

(4)2011 年大陸電影「站起來」，描述吉林 24 歲青年宋學文在一家化工廠工地上班；某天在工地撿到一條類似「鑰匙鏈」的

金屬小鏈子，隨手放進口袋。結果，2 年內動了 7 次手術，先後截去雙腿和左前臂，連僅存右手也截去 4 手指。由他本人飾演的宋學文後來得知，他撿到的鏈子叫「伽瑪源」，具 γ 射線之強釋放物。

最近（2014）南京市環保局在 5 月 7 日證實，天津市「宏迪工程檢測發展公司」在中石化第五建設公司院內進行探傷作業」時，遺失一枚外形如一顆黃豆般大小的密封射源「銥–192」（Ir–192）（圖 7-1）。所謂「探傷」是指利用放射性物質，確認器械設備是否裂損的方法。

圖 7-1　遺失之黃豆大小放射源「銥 192」
（南京市環保局官方微博「南京環保」）

接到企業報案後，從中央到地方立即責成批示，依〈輻射事故應急預案〉成立處置小組，查找放射源。

5 月 10 日上午經專家探測，射源位置被鎖定於 2 平方公尺範圍

內。由於地形複雜、雜草叢生，且技術人員不能長時間近距離尋找，現場指揮部決定在現場劃出高度「警戒區」，並從外地調運專業「擒獲」設備前來協助。

　　現場指揮部用「地毯式搜索戰術」尋找射源。每位工作人員穿防護衣，於挖掘尋找 2～3 分鐘後，再換下一人接手。當第 10 名工作人員作業時，終於發現放射源，並挖出放入安全箱（5 月 10 日傍晚 6 點 5 分）。

防範傷人

　　5 月 9 日深夜 10 點多，江蘇省衛生廳緊急公告，要求一旦發現疑似患者有神經和腸胃道功能改變，感到頭暈噁心的症狀，皮膚甚至會燒焦，應迅速與南京定點收治醫院聯繫。

7.2　潛在污染病人之處置（Handling of Potentially Contaminated Patients）

　　具潛在污染之虞的傷患，應基於檢傷原則（triage principle）處理之（圖 5-1）；亦即鑑別有那些病人需要最緊急搶救（rescue）、除污（decontamination）、治療（treatment）和運送（transportation）的步驟；其目的是用來處理大量傷患，以取得最佳效果。可以自己走的、有反應的傷患，應將他們導引到劑量率（dose rate）低的地點，並於離開「熱區」（hot zone）和「暖區」（warm zone）之前，加予除污。至於那些不能自行移動的傷患，可於現場除污或將他們移到低劑

量率的地點除污。如污染的傷患仍然需要移出「熱區」，送到醫院去，移動病人的決策端視當地事先所訂之程序而定。

大部份案例顯示，皮膚表面的放射性污染並不具生命威脅性。處理具生命威脅之傷害，應於皮膚除污之前為之；身體上半部的顯著污染（特別是微粒形態者）可能是一種指標，表示可能發生了吃進或吸入放射性物，所以應於除污後，立刻尋求醫療。如果污染大部份限於下半身者，導致內部污染（internal contamination）可能性較少。

下面例子用來說明如何將一個直讀式 50,000CPM、標準的薄煎餅型輻射污染計（pancake contamination meter），轉譯為 β 皮膚劑量率：

- Cs–137：0.40 mSv/hr（β 輻射皮膚劑量率）
- Co–60：0.26 mSv/hr（β 輻射皮膚劑量率）
- Sr–90：0.35 mSv/hr（β 輻射皮膚劑量率）

如果一般民眾個人最高允許劑量（dose）為 1 mSv，顯然地，雖然該民眾接受了最高允許劑量，但一般而言其量相當小，所以不成為立即性的考量。應將污染依 ALARA 原則（合理抑低原則），儘可能地、快速地加予移除。要記住，具生命威脅性的傷患要先處理。

7.2.1 START 檢傷模式（Simple Triage and Rapid Treatment）

所謂大量傷患事故（mass casualty incident）一般而言係指事故之傷患人數超過了一般程序管理之現有可用資源，包括人員、工具與醫療。「資源」所涵蓋的範圍包括系統能量（capacity）和操作步驟

（operational procedure）。

系統能量指：

• 救護車多少台（要扣除出勤中之車數）

• 具資格之可用人員

• 員工效率

• 病床數（要扣除已被佔用床數）

• 通訊容量

操作程序決定傷患治療之效率，它涉及速度快慢、投入之資源和結果。對單一傷患所用之正常程序，就速度與資源之投入而言，相當不具效率。因此一件大量傷患事故需要使用緊急步驟，諸如 START 篩選（START triage）模式、降低提供者（provider）對病人的比例與救護車的多病人載送，才能成功的管理。

START 模式檢傷法（圖 7-2）是實際決定醫療性質之第一步，它廣被認為提供評估病人之快速方法。START 是「Simple Triage and Rapid Treatment」之縮寫代號。這個模式於 1980 年代發展於美國加州，它於篩選過程考量了三個主要生理參數：

• 病人之呼吸狀況（respiratory status）

• 脈搏狀況（pulse status）

• 精神狀況（mental status）

歐洲的研究顯示，應對每一個病人花 9 秒鐘，將受害者輕重篩選歸類為下列四大類別（四種顏色），以為後續之處理／治療：

• **綠色（Green）**——輕微（minor），他們可等候一些時間再治療。他們的傷勢輕微，或根本沒有受傷；他們能走且能照顧自己。換句話說他們不需要擔架，可以自己走到醫院去。

- 黃色（**Yellow**）——延後（delayed），傷勢將需要治療，但等候並不會致命；需加以監測，使不至於惡化。
- 紅色（**Red**）——立即（immediate），有生命威脅的傷勢，必須立刻治療，以搶救其生命。
- 黑色（**Black**）——死亡／預期的（deceased/expectant），已死亡或可預期將死亡。他們的傷勢相當嚴重，預期無法存活下來。我們將面臨艱難的決策，但這是應用「治療最大數目的傷患，以取得最大益處」原則的時候。

需注意的，「篩選」作業應在內周界（Inner Perimeter）為之。

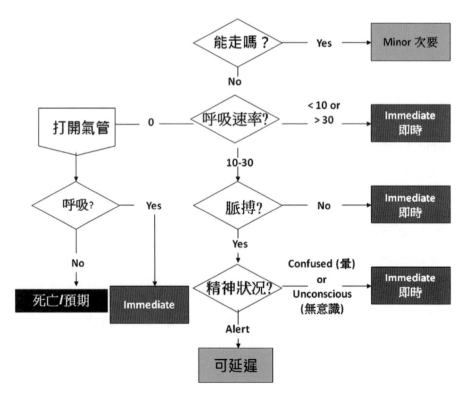

圖 7-2　檢傷方法——START Model

呼吸

任何能走路的傷患應標示為綠色，並導引至位於危害區之上風處之地點。如果病人每分鐘呼吸 10 或 30（breaths）次，或需要協助以維持其氣管，可歸類為「紅色」。

如果呼吸已停止，因應員應試圖去清除其氣管，如果仍然不能呼吸，可歸類為「黑色」（預期的），端視可用之資源而定。

循環（Circulation）

若沒有脈搏（radial pulse），歸類為「紅色」。

精神狀態（Mental Status）：「病人有警覺嗎？」

叫病人「捏壓我的手」或「打開或閉起眼睛」。如果病人不能聽到你的指令，是為「紅色」（立即的）；如果病人能聽到你的指令，是為「黃色」（遲延的）。

特殊情況

小孩小於 3 歲除非是「紅色」或「黑色」，否則皆為「黃色」（亦即沒有綠色）。

7.3 檢查人員與工具輻射污染（Checking Personnel and Equipment for Radiation）

要檢查人員與工具是否被污染，很重要的，要到最低的可能污染處或背景處去執行、看指針讀數；因為在輻射場比較困難去發現污染。工具也要被監測，如果發現污染，置入袋內，放著不用，等待後續之除污。

因為偵檢計有個反應時間（response time），當用手提偵檢計監測人員時，要慢慢地、仔細地量測，這點很重要。被量測者必需站立，手臂張開。如有門架式監測設施（portal monitor）可用，過程會進展較快；然而最重要的是，設施要設在背景區。

7.4 於輻射區作業（Working in Radiation Areas）

在輻射區執行緊急因應必須小心，不去累積不必要的劑量（ALARA 原則）。為達此目的，要採用 TDS 技術，那就是減少停留在高劑量的時間（T）、拉大與射源之距離（D）和採用可取得的屏蔽（S）。其他可供第一線因應員（first responder）使用的工具，有輻射調查儀（radiation survey instrument）和警報劑量計（alarming dosimeter）（圖 7-3）。正確地使用輻射量度儀器、輻射防護原則、PPE 與搭

配設想周到的工作計畫，是輻射區接收劑量最少化之基本要件。最後，因應員的命運取決於緊急因應計畫（emergency response plan）和他平常所接受的訓練。

　　緊急因應計畫應涵蓋因應輻射事故之氣象，也應包括所有第一線因應員（first responder）和／或因應小組所能執行的；以及列出有哪些情況，因應小組必需停止他們的作業，以保護他們自己。緊急因應計畫內容應包括劑量儀、PPE、輻射儀器、警戒線（帶）和警戒區域，以及傷患之除污。工具和因應員平常所受的訓練，將決定要採取什麼活動。

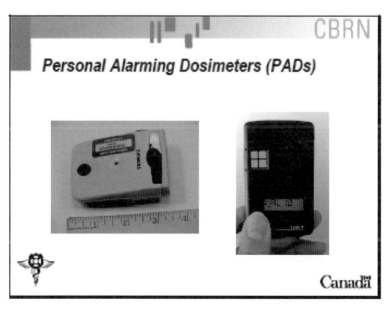

圖 7-3　個人警報劑量計（alarming dosimeter）

讓我們來分析輻射區之緊急因應之基本方法：

(1)偵檢（Detection）──輻射必需先用輻射偵檢裝置偵測。要

127

進行偵檢，劑量計要調為零與加暖。

(2)防護（Protection）——因應人員應穿戴 PPE。相對的，應利用可取得之屏蔽。於 RECCE 時，準備清潔／污染動線（Clean／Dirty Line）和檢傷處（triage）。RECCE 是 reconnaissance（偵察／勘察）之簡寫。

(3)人員安全——有任何人處於危險中嗎？如果是，生命是最優先的考量，搶救受害者，給予醫療措施；也應確認，有提供適當之除污和醫療步驟。

(4)建立作業區通行走廊（Cordoning）——一旦宣布緊急狀況解除，必需依據事先所訂之輻射讀數，建立作業區通行走廊（Cordon）（冷區與熱區）。視輻射型態與射源強度，走廊範圍從大到小。

7.5 安全撤出之劑量率（Safe Back-Out Dose Rate）

當因應一件輻射污染的事故時，進入輻射區前，要確認所有的輻射儀器的運作是正常、且已是開啟狀態。應事先訂有一套量度劑量率的步驟，依預先訂好的 γ 劑量率限值或污染讀數，建立作業區「通行走廊」（Cordon）。戴上劑量測定儀（dosimetry），以了解自己身體所接收到的劑量，並警示因應員事先去設定輻射劑量率之警報值。

事先訂定撤退之劑量率，如果可能，調查測量計（survey meter）和劑量計（dosimeter）應事先調好警報值。儀器的警報值就可用

來判斷因應員何時撤回。

　　劑量測量警報值於緊急情況應降低，建議警報值「劑量率」（does rate）設為 1 Sv／hr；「劑量」（dose）設為 250 mSv（亦即為 25 rem，表 1-2）。一旦緊急情況解除了，「劑量率」警報值可提升為 1 mSv/hr；「劑量」調為 500 mSv。

　　如果有任何儀器讀數超出讀表刻度（reading scale），應立刻撤回。也許該儀器功能不良，也許讀表要更換，或許你可能正好位於超出該儀器限值的污染區；因此你不能再用它去確認是否身處在一處高危險輻射場。**為了安全起見，如果你的儀器讀數超過讀表刻度，立刻撤回。**

7.6　**偵察與清潔／污染線**（RECCE and the Clean/Dirty Line）

　　一旦第一線因應員（first responder）藉用劑量計警報或其他輻射儀，宣稱發現了輻射，就應由因應小組進行偵察（RECCE）。RECCE 小組著適當 PPE，由上風處接近現場。注意，如使用 A 級 PPE 時，將劑量計置於 PPE 下。同時於此，開始記錄因應員進入、出來的分別時間以及劑量。

　　在 RECCE 小組首次發現兩倍背景值讀數的位置做記號（圖 7-4）；這個讀數可能於來自污染計或 γ 量測計。於此記號的背景處劃出一條清潔／污染線（圖 7-4）。應考量設置傷患篩選處（檢傷處），並應有足夠空間去建立走廊，供出入現場。

　　所有的污染衣服應置於污染區,以免清潔區受到污染。RECCE 小組繼續進入到現場,此時污染讀數已不再是個問題。如果發現傷患,且 RECCE 小組認為安全,著適當 PPE 的因應人員將到現場把傷患帶到傷患檢傷處。能走的傷患也將被導引到此區,接受除污或初步的醫療。

　　一旦 RECCE 工作叫停了,應重新分配資源,去協助傷患之回收、醫療照顧或協助除污。如尚有資源可用,開始建立熱區(hot zone)、暖區(warm zone)和冷區(cold zone)。

　　記住:進入輻射區的主要理由是去搶救生命!

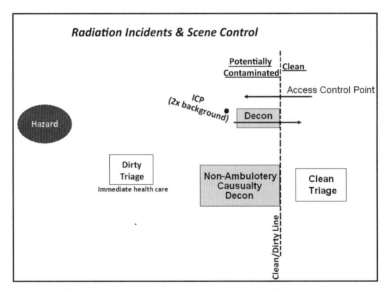

set up:設置　hazard:危害源　clean:清潔
dirty triage:污染篩檢　potential contaminated:潛在污染的
dirty triage:污染篩檢　clean triage:清潔篩檢
Decon:除污　access control point:出入管制點
non-ambulotery causualty decon:能走的傷患之除污

圖 7-4　建立清潔/污染線

7.7 建立熱區（Establishing the Hot Zone）

　　要建立「熱區」時，必需穿戴 PPE 和劑量計。開始任何輻射作業前，應將劑量計指針調為零。要建立「熱區」，需二個人量度輻射，一個人量度劑量率（Sv/hr），另一人量度地上污染（通常為 cpm）。這二人組成工作小組，要彼此靠近；拿污染計的人監測地上，以確認並沒有從被輻射污染之處的上面走過；另一個人用劑量率計以十字架技術，量度輻射場。

　　因應員（responder）於「危害」之上風、上坡處，設置「出入管制點」（Access Control Point，ACP）（圖 7-5）。在背景讀數處，設警戒線。一旦做好了，因應員穿越 ACP，向危害方向繼續往前監測。在首次遇到污染或 γ 輻射之讀數為二倍背景值的讀數時，作記號（maker）。被偵檢到的第一點謂「起始管制點」（Initial Control Point，ICP）；離此點往後 5～10 公尺處，設置除污管制站（Decontamination Control Point，DCP）。

　　一旦設立了 DCP，因應員從 ICP 往危害方向繼續偵檢，一直到讀數到達 300 cpm 或「劑量率」超過 5μSv／hr 為止。於此點，小組做記號以此為「熱區」之標誌。小組回到「冷區」，從另一位置再向危害方向偵檢，直到需做另一記號。這個過程重複數次，就可界定出「熱區」了。當標出「熱區」時，一種「夠接近」的心理狀態，將足以最低化所接收到的劑量。我們必需了解的是，300 cpm 讀數相當於標準薄煎餅型污染偵檢計 5 倍背景值。如採用不同類型污染計，使用這「**5 倍背景法則**」去建立熱區污染準測。

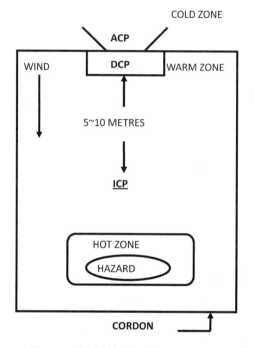

ACP：出入管制點
DCP：除污管制點
ICP：起始接觸點
Cordon：警戒線

圖 7-5　輻射除污站之 ACP、DCP 與 ICP 相對位置

　　任何人一旦進入「熱區」，於其離開前，應接受鞋靴、衣服的監測。如果鞋靴被污染了，應將它置於「熱區」，供未來使用或處置。

　　很重要的是，小組要了解任何事先為他們訂好的警報限值，例如在解除任務前，他們可以接收到的最大劑量，以及他們可在裡面作業的最大劑量率。在任何時間，當輻射偵檢工具讀數超越讀表刻度時，任何人不得在該處作業。

　　記住：進入「熱區」之主要目的是搶救生命。

7.8 **射源回收**（Source Retrieval and Recovery Techniques）

視事故情況，也許有可能用屏蔽（shield）防護技術，去阻絕部份輻射源。有些射源回收作業屬「專家級」（Specialist Level）技術（附錄6），需接受更進一步訓練，才能安全地執行此種任務。因此第一線因應員（first responder）在安全能做到的情況下，應只用額外屏蔽措施並覆蓋於射源上即可。勿超越此，去試圖屏蔽、甚或回收射源。

仔細觀看儀器之輻射讀數是否下降，因應員就可知道射源是否被屏蔽了。雖然有很多方法可用來隔離外射源，然而所有的方式皆需藉助輻射偵檢儀的應用。

在輻射事故現場，也許可取得工具，作為屏蔽之用，或去構築屏蔽，例如沙袋、鐵條、圓柱形鉛屏蔽（圖7-6）、甚或磚塊。一旦充分的屏蔽置於射源上，便可觀察到劑量率顯著地下降。

其它可作為屏蔽用的工具尚包括水桶、剷子、沙或礫石；水桶可用來盛沙或土，然後置放於射源上面；剷子可將沙、礫石剷倒於射源上。注意，需記錄有關射源掩埋處資料，並於該處放置警示標誌。

要屏蔽（shield）所發現的射源，可將密度高之物料置放於射源上。如果讀數太高，以致不能接近，可將物料繫於一條繩子上，從遠處拉去覆蓋射源。一旦屏蔽已置於射源上，調查計上的讀數會顯著地減少。

尋找射源位置

輻射儀器可用來尋找射源位置。如果射源很微弱，輻射計也可能

正確地剛好置放於射源上；這些是最困難發現的射源，因為你需很靠近輻射計去看讀數表。如果射源很具活性，讀數可用來正確地找出射源位置。視環境情況，也可能因射源受到牆壁、分散物、射線彈離物件等等影響，使得定位困難。

圖 7-6　圓柱形鉛屏蔽（Lead Pig）（取自網路）

【討論】

1. 所謂大量傷患事故（Mass Casualty Incident）係指事故情況超越可取得之資源，包括人員、工具和醫療而言。

2. 檢傷（triage）──對受害者之篩檢（sort）和分配（allocate）治療，以期達到最多之生存人數。

3. US EPS 設定四種不同層次劑量限值，以作為因應員之緊急作業規範（表 1-2），分別為 5 rem、10 rem、25 rem、> 25 rem。於限值

（end-point 或謂終點值）25 rem（250mSv）時，因應員執行任務限於搶救生命或保護廣大民眾。今假設劑量率（dose rate）為 1 Sv／hr；劑量（dose）警報值設在 250 mSv。試問該因應員可於輻射場停留多久？

解答

1 Sv/hr×t = 250 mSv

(1000 mSv/60min)×t = 250 mSv

t = 15 min

4. 日本福島核電廠事故，50 壯士中有 6 人之輻射劑量（dose）已超過 100mSv；日本政府決定將緊急作業輻射劑量限值，由 100mSv 提高到 250mSv。試與 U.S. EPA 因應員輻射曝露限值規範（表 1-2）比較之。

解答：

1Sv = 100rem

1000m Sv = 100rem

∴ 100mSv = 10 rem…… 依 US EPA 規範，保護重要建築物。

250mSv = 25 rem…… 依 US EPA 規範，限於搶救生命或保護廣大民眾；不含財產。偉哉！壯士！

【是非題】

1. 侖目（rem）與西弗（Sv）兩個單位是用來表示人體所吸收之劑量（或謂劑量當量），二者均考量了生物效應。　　　　　　**Ans**：（O）

2. 半衰期（half life）係指一個輻射源之活性（activity）衰退到原來活性的 80% 所需之時間。　　　　　　　　　　　**Ans**：（×）

3. 曝露於游離輻射進而誘發白內障（cataracts）或縮短生命是所謂軀

體效應（Somatic Effect）。 **Ans**：（○）

4. 游離輻射之遺傳效應已被發現在人類身上。 **Ans**：（×）

5. 為了安全起見，如果你的儀器讀數超越讀表刻度，立刻撤回。

Ans：（○）

【選擇題】

1. 傷患檢傷原則（triage principle）目的是用來 (1) 除污（decontami-nation） (2) 處理（treatment） (3) 運送（transportation）大量傷患 **Ans**：(2)

2. 偵檢計檢查人員與工具輻射污染，要到 (1) 最低的可能污染處或背景處 (2) 熱區 (3) 任何地點均可，去執行看指針讀數

Ans：(1)

3. 蓋格牟勒計數（GM）偵檢器，可用來作 (1) 污染偵檢 (2)γ（gamma）劑量率之量度 (3) 上述二者皆可 **Ans**：(3)

4. γ（gamma）量測儀器之標定（+/-20%accuracy），依國際標準，係採用下列那一種 γ 輻射劑： (1) Cs–137（cesium，銫） (2) Co–60 (3)Ir–192 **Ans**：(3)

第 8 章

除污
（Decontamination）

8.1　一般說明

8.2　除污程序（Decontamination Process）

8.3　輻射除污程序（Radiation Decontamination Process）

8.4　除污溶液（Decontamination Solutions）

8.1　一般說明

　　污染係指將危害物從其源頭轉移到人、動物、環境或工具的過程。所謂除污（decontamination）係指在危害物意外事件中，藉由化學方法和／或物理方法來減少或阻止污染物的擴散；廣義的「除污」包括於事故現場用來減少或防止人員和因應工具污染的所有行動（action）；狹義的「除污」係指將污染物從事故現場人員和因應工具加以去除的步驟（NFPA）。顯然地，除污作業是用來控制「危害」的關鍵性任務，它具預防性價值，如果適當地執行，可以顯著地削減 CBRN（核生化）事故之後果。在事故現場因應後，要以保守的態度去假設因應員所穿戴的防護具與人員本身皆已受到污染，因此要執行一個徹底的、技術性良好的除污程序，直到經判斷可以不需要為止。

　　要將身體或工具的污染物全部移除掉，很多情況下是不可能的任務，所以「除污」其實僅僅是將污染物減少到不再有害的程度而已；因此「除污」又謂「污染減少」（contamination reduction），以避免危害曝露，以及減少或避免污染物分散到「熱區」（hot zone）外面。

　　在生物劑事故或化學劑事故，需要傷患自行或協助他們脫下衣服，以便進行除污；所以最好能有（但並非絕對）：

- 男女分開之除污處。
- 傷患辨識之圍遮處。
- 一區專供心理過度恐懼的傷患使用。
- 鄰近除污線出口之管制檢傷區（controlled triage area）。在此評估受到影響者，以決定要釋放或留置他們。管制檢傷區可用來蒐集那些受到影響者之個人資料、維持民眾之管制與其

監測。

本章對核生化（**CBRN**）複合災害的下列議題加予闡述，並於第8.3 節列出輻射除污程序的特殊考量：

- 除污步驟。
- 除污設施。
- 傷患管制。
- 除污溶液。
- 特定角色之說明——除污步驟、除污管理、預除污、除污技術、除污溶液、乾淨病人之運送、工具和因應員行動等。
- 脫下 **PPE** 除污。
- **CBRN-PPE** 的使用。

本章的目的是了解：

- 污染型態。
- 除污方法。
- 如何落實除污步驟。

8.2　除污程序（Decontamination Process）

除污程序的重要目的是安全地清除危害物料，以防止污染擴散、超越某特定處，並將污染減少到不再危害的程度，且不污染到那些協助此作業人員。受害者、因應員（responder）、動物或工具（例如 **PPE**）要離開「熱區」前，就要經過除污，因為「熱區」內任何人或東西均有可能接觸到危害物料，而被污染。

8.2.1　**預除污站**（Pre-decontamination Station）

　　預除污站通常位於所劃定之「熱區」（hot zone）的出口點（圖8-1）；本站備有足浴盆，盆中置有除污液，可供因應員和傷患欲離開「熱區」、前往除污站時，清理他們的護腳物。

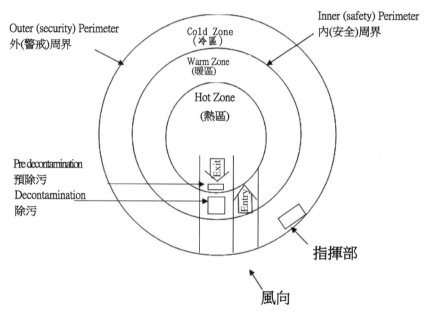

圖 8-1　預除污站、內外周界位置示意圖

　　就因應員而言，預除污站也可作為他們將輔助性護腳物和重型工作手套（如果有戴的話），棄置於廢棄物容器內之處。

　　預除污站其實也就是交錯污染（cross contamination）管制站。CBRN 劑的提早偵檢，並將資訊傳回主除污設施，可以提供除污作業人員及早的警告信息，讓他們預期可能面臨的情況，進而能快速地採取適當之因應，以避免人員交錯污染機會的發生。

8.2.2 　除污（Decontamination）

提示：除污設施是位於事故現場之上風處，這點非常重要 !!（圖 8-1）。

　　進入「熱區」的因應員也許需要執行下列一種（或以上）之任務：偵察（reconnaissance）、偵檢（detection）、減緩（mitigation）、傷患搶救和可疑物質之取樣。

　　集合防護區（collective protection area）是連續的環線系統（continuous loop system），具個別之出入走廊；理想上，包括三個主地區：

- 一座供穿著和準備用之設施。
- 一座供工具與物質佈置之後勤補給待命區（logistic staging area）。
- 一座具有應付大量傷患和因應員需求之容量的除污設施。

　　為加速連續性環線作業，穿著和準備設施是位於靠近後勤補給待命區的地點；然而除污設施是位於事故現場之上風處，與「熱區」和其他因應服務保持一個安全距離。

　　理想上，因應員將於「穿著和準備設施處」集合；他們在那裡進行執行任務前的醫學監測、簡報聽取，並穿上適當等級之 PPE，然後再進入「熱區」。

　　建議因應員備有雙向對講系統，以及足夠之解毒劑、個人除污工具和溶液。另外的需求也許還包括特殊工具之準備和佈置，例如專門用來對付 CBRN 威脅（例如放送裝置）的減緩系統（mitigation system）。

　　現場的因應員將負責預除污之足浴盆（置 10% 的漂白水溶液）

與固體廢棄物容器之建置。預除污站和現場廢棄物合併系統（consolidation system）的使用，將大大增進「熱區」因應員的能量和安全；因為這項措施使得他們回到主除污區之前，有地方去棄置廢棄物和輔助之腳護。因應員應知道，除污設施是任何 CBRN 事故之生命線，應加予防護，以避免發生交錯污染（cross contamination）。

因應員和傷患於進入主除污設施前，要：

* 踏入足浴盆（圖 8-2）。
* 以除污劑噴灑 PPE（圖 8-3）。
* 脫下穿著物（圖 8-4、圖 8-6、圖 8-7）。
* 移除呼吸防護具。
* 淋浴（圖 8-8）。
* 穿上所提供之衣服。
* 因應員和受害者前往醫療檢查處。

擔架上傷患的移動應經由除污程序，進行除污；這是非常重要的措施，要讓緊急服務單位接收到的是「已清理過的傷患」（cleaned casualties）。至於那些曝露於 CBRN 劑的死亡者大體，將經完全除污並置入可密封、不漏氣的袋內；如果有冷凍設施，暫置於其中。於釋放受害者之大體前，要以適當的輻射偵檢器檢查，以確認除污步驟的成功。

圖 8-2　踏入足浴盆

圖 8-3　以除污劑噴灑 CBRN 防護衣（5% 漂白水）

Cuff Opening and
Retraction

Cuff Roll-back

Glove Removal

圖 8-4　脫下穿著物（手套）

圖 8-5　脫下穿著物（單件式 CBRN PPE）

圖 8-6　叫因應員坐在板凳上

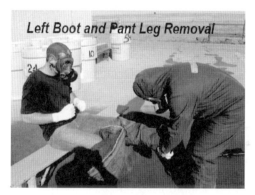

圖 8-7　脫下鞋靴和褲腳

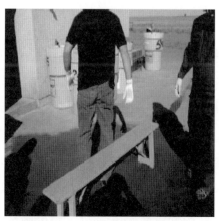

圖 8-8　因應員前往淋浴區

8.2.3　工具（Equipment）

下面列出除污時所涉及的工具；然而我們應認知到，即使使用很少的工具，也可能建立非常有效率和有效果的除污程序：

- 遮棚（shelter）
- 除污液
- 電子偵檢器
- M256A1 化學劑偵檢器箱（M256A1 Chemical Agent Detector Kit）（註一）
- FirstDefender 偵檢器
- NAV-D（Nerve Agent Vapor Detector）神經劑蒸汽偵檢器（註二）
- 3 向偵檢紙（3way detector paper）
- 擔架用之滾動系統（roller system for stretcher）
- 刷子、消毒紗布或藥棉、剪刀
- 覆蓋物（布或塑膠布）──供傷患使用
- 大量換用之衣服

8.2.4　除污管制（Decontamination Control）

於大量傷患事件時，負責除污作業人員必需建立除污程序與設施，且負完全之管制責任（圖 8-5）。應建立清楚之標明動線，指出危害帶；盡可能靠近地平面。我們要假設傷患都是被污染過的，除非經過證實。

氣象監測能量是相當重要的，它可以提供風速、風向與氣溫。如

果風向的改變很顯著，也許就需要移動工具、管制點和除污設施。

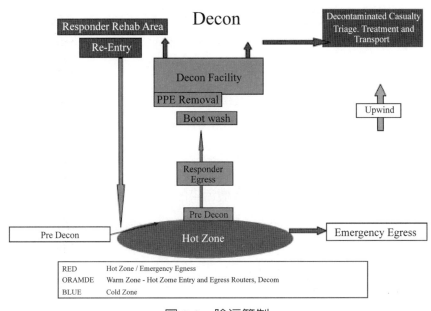

圖 8-9　除污管制

　　應可能儘快地以 CAM 偵檢器（註三）或輻射偵檢器，進行下風危害評估（指熱區之下風），以追蹤 CBRN 劑之場外移動。如有可能，應盡一切努力去確認「熱區」下風處之 CBRN 劑濃度。並假設位於所估計之下風危害區內的人員，已受到污染成為傷患了。

8.2.5　事故後之除污（Post-Incident Decontamination）

　　一旦一件 CBRN 事故因應完成了，就必需準備將事故場址除役；有好幾個任務、考量和細節必需加予探討：

- 與除污液和分解後之生成物有關的環境危害議題。
- 工具、供應品和衣服之除污。
- 被污染的東西之廢棄物處置。
- 法醫證據之蒐集。

8.2.6 二次污染源（Sources of Secondary (Cross) Contamination）

因應員被另外一個因應員或遭污染的受害者所污染，就是所謂的**二次污染（交錯污染）**；於任何 CBRN 事故，我們都應非常注意其發生之潛在可能性。

交錯污染的發生，可能由於直接接觸到污染的衣服、皮膚、頭髮或隨身物品（例如手提包和小提箱）；也可能是由於接觸到液體、排氣、身體上的毒性累積；如果是生物劑，也可能來自空氣中飛揚之液滴或體液的接觸。

8.2.7 污染傷患管制（Control of Contaminated Casualty）

將傷患移往上風停留處並圍以警戒線，不讓旁觀者和媒體靠近。這是非常重要的；要將搶救出來的傷患從「熱區」移到「暖區」，讓他們於進入「冷區」之前，在那裡可以得到急救服務和除污。這點非常重要，這是為了傷患、因應員和其他緊急協助人員的安全。

一旦在「冷區」（cold zone）內，應記錄下他們的個人資料（姓名、

地址、電話）。這個資料會隨同傷患個人與緊急處理記錄送到醫院。公共衛生官員於此資料送到醫院或公開前，應好好加予管理，以確保有效率的記錄保存。並建立防護避難所（例如學校、洗車場、空屋）的位置，以加速大量傷患的有效管理。

8.3　**輻射除污程序**（Radiation Decontamination Process）

　　輻射事故的除污程序很類似化學性或生物性因應，然而所有使用於輻射除污的東西，如果被污染了，就必需回收，且事後要加予分析；必要時，以放射性廢棄物處理之。不像生物劑或化學劑，輻射性物料於除污過程是無法中和的；輻射性元素從一個媒介轉移到另一個媒介，仍然維持它的放射特性。強烈建議，**於輻射事故不得執行沖淋作業**（wash down）。雖然如此，若真的必需進行緊急沖淋（emergency wash down），用過的沖淋水也必需回收。

8.3.1　**預除污**（Pre-Decontamination）

　　預除污使用於輻射事故，它有點類似化學危害的預除污模式；其目的是偵檢可能的**交錯污染**（cross contamination），並在這個地點把它處理掉。我們都認同因應員於一個潛在污染的「熱區」作業，任何人或物件欲離開「熱區」，應加予除污，因此建議遵循下列步驟：

- 熱區終點值（end-point）建議為 $5\,\mu Sv$／h 或 300 cpm（圖 8-10），兩者取較低值者。

- 預除污（Pre-Decon）是在接近熱區的管制點執行。

- 除污時，應背對危害，以加強屏蔽（shielding）功能，和取得較佳背景讀數——縱然是在很高的輻射帶；除污只能達到背景之最低讀數。

- 監測手和腳是很重要的，因為身體這部份最可能接觸到其他物件。當監測手時，受檢者應張開他／她的手指頭。

- 所有的 PPE 都應受監測，包括頭套；然而手和腳是最重要的。

- 脫下鞋靴、手套／PPE，是移除和圍堵污染最簡單的方法。

- 脫下 PPE 後，如果偵檢到污染，那麼就要執行除污清理，或用塑膠包裹將污染圍堵。

- 如偵檢到皮膚受到污染，圍堵污染處，然後前往終除污處（圖8-12）清理。

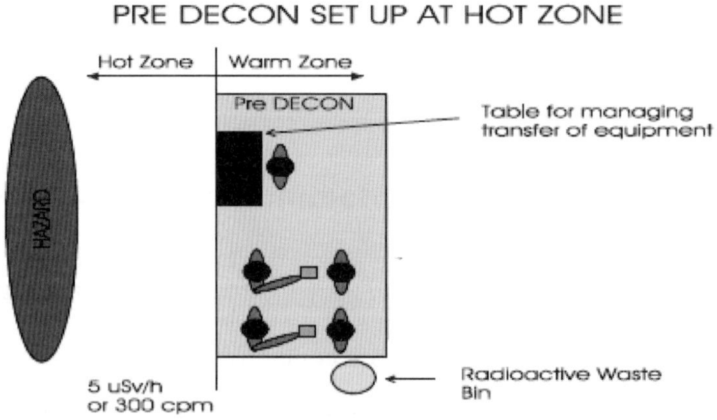

PRE DECON SET UP AT HOT ZONE

table for managing transfer of equipment：供管理轉送工具用的桌子
radioactive waste bin：放射性廢棄物桶

圖 8-10　輻射事故之預除污站

8.3.2 終除污（Final Decontamination）

　　除污管制點（Decontamination Control Point，DCP）位於暖區邊緣，允許最終的進入「冷區」。除污管制點需位於背景值，並離起始接觸點（Initial Contact Point，ICP）有適當之距離（5～10公尺）（圖8-11）。污染偵檢必需執行到兩倍的背景值。

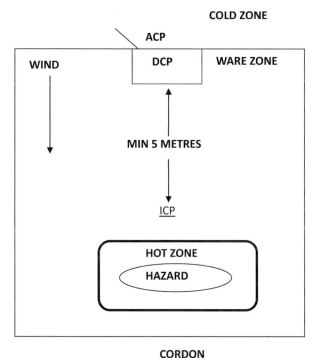

ACP：接近管制點
DCP：除污管制點
ICP：起始接觸點
CORDON：警戒線

圖 8-11　輻射除污站之 ACP、DCP 與 ICP 相對位置

　　如果可以取得的話，第一個偵檢裝置應為手提式偵檢計。在污染監測後，設置了兩張長條桌（圖8-12）。如果因為污染，需要取下外面衣服，就在第一張桌子前面脫下。脫下衣服後，如果認定清潔，就

往前走出除污程序。至於第二張桌子前面,是作為皮膚和工具除污用。同樣地,如果認定清潔,人／工具就可走出終除污處。

上述整個程序如圖 8-12 所示;除污步驟如下:

- 往前經由門框型偵檢器(portal)(如果有),旋轉 90 度以確認整個身體四面都有被偵檢到;如發出警報,即脫下 PPE。脫完 PPE,就到第二張桌子。

- 第一張桌子(primary bench)用於檢查整個身子。移除污染的衣服,可得正面之效果;估計外面衣服(非指 PPE)可移除 90% 以上之污染,身體認定清潔就可以離開此點。

- 第二張桌子重複全身的檢測和全部除污清理。皮膚的清理要先使用較溫和的方法,避免大力刷皮膚。

- 任何脫下來的衣服必需打包,個人所屬物品如被污染,也必需打包並加標籤,以讓事後其所有人取回。

- 一旦認定每一樣東西都清理好了,人／物件就可出去了。

Final Decontamination

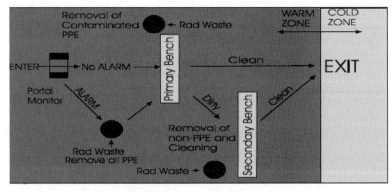

圖 8-12　輻射之終除污

8.3.3 工具（Equipment）

下列工具可用於放射性除污程序，但應注意，如沒有適當操作之除污儀器，這個程序也是沒有用的：

- 污染計（器）
- 管道膠布（duct tape）
- 商業抹布頭（mop heads）
- 輻射除污噴灑（器）（radiation Decon spray）
- 濕抹布／溫水，以及附有海綿之肥皂。
- 用來貯存放射性廢棄物之塑膠桶。
- 塑膠袋
- 垃圾桶
- 額外的 PPE，特別是鞋和手套。

8.3.4 輻射污染之處置與清理（Handling and Cleaning of Radioactive Contamination）

於預除污站（pre-Decon location）脫下 PPE，將污染的物件置入塑膠容器內；要於容器上標示放射性廢棄物。

於最終除污站（Final Decon location）的污染處置，是藉由脫下外面衣服並將其打包、標示；或清理除污處。

多數遭輻射污染者，只要經沖洗就可洗掉輻射污染物。當執行輻射性除污，只需清洗被污染之處。注意！不要讓污染到處移動。使用肥皂和溫水或濕抹布，勿用漂白水。當清理皮膚時，不要大力擦刷，

因為會傷害到皮膚；壓力要輕，將污染處清洗乾淨即可。記住，用於清理污染的肥皂、水和任何東西都要回收，當作放射性廢棄物處理之。

　　所蒐集的放射性廢棄物要作適當之貯存與處置，所用之容器應依規定標示放射性廢棄物及輻射警示標誌（圖 8-13）。

　　如果一個人已被污染，且污染處無法再清理，就要針對下一步怎麼辦作出決策。如果無需醫療，就應告訴他該污染無法移除，他必需等其自然地衰退；視同位素（isotope）之半衰期而定，自然衰退過程可能需時幾小時或數日之久。應給予預警式的建議，例如：如果手被污染，處理食物時便要戴上塑膠手套等等。

圖 8-13　輻射警示圖

8.4　除污溶液（Decontamination Solutions）

　　有一些現成的產品可當作為生化劑之減緩（mitigation）和除污之用，簡述如下：

(1) 漂白水（**Bleach**）

市面上有：

- 4%，家庭用。
- 6%，商業用。
- 9.8%，專供游泳池用。

對神經劑及所有的生物劑除污非常有效。

功能

- 由於芥子劑的溶解度差，因此反應較慢。
- 曾於實場測試，作為除污線上之生化衣污染物的除污劑：

  a. 足浴與手套之清洗。

  b. 生化服之一般噴灑。
- 未經稀釋之漂白水不得使用於皮膚上。

(2) 氫氧化鉀

- 市面賣的是顆粒狀，與空氣接觸會吸收濕氣。
- 必需溶解於水或醇類（alcohol），才能作為有效之化學戰劑的除污劑。
- 具高腐蝕性。
- 不能使用於皮膚上。
- 為生物劑和神經劑之有效除污劑。

功能

- 由於芥子劑（mustard）的溶解度差，因此反應較慢。

- 欲作為有效之除污劑，典型的濃度是 9% 的 KOH 溶液；溶劑可為水、甲醇（methanol，CH₃OH）、乙醇（ethanol，C₂H₅OH）或異丙醇（isopropanol，CH₃CHOHCl₃）。
- 氫氧化鈉／甲醇溶液使用於加拿大國防部的 DRDC（位於 Suffield）研究機構，作為化學戰劑之除污液。

(3) 強力次氯酸鈣（High Test Hypochlorite，HTH）

- 市面可買到反應性之粉末產品，可直接應用於液態污染劑；但如與水混合對化學戰劑最有效。

    —— HTH 之 40% 水溶液
- 對任何化學戰劑和生物劑均有效。

【註一】

M256A1 化學劑偵檢器

M256A1 是 M256 化學劑偵檢器的改良型，可用來偵測蒸汽或液體型態之神經劑（G、V）、血液劑（AC、CK）以及皮膚膿疱劑（芥子氣（H、HD）和路易士劑（L））。1978 年美國陸軍開始使用 M256 偵檢器；士兵於化學劑攻擊後，使用它來判斷是否可以脫下防護面罩，或用於化學劑警報已發出後之再度確認的測試工具。對於神經劑敏感度上，M256A1 是 M256 的 10 倍。

【註二】

NAV-D（**Nerve Agent Vapor Detector**）神經劑蒸汽偵檢器

NAV-D 用於偵檢 G 和 V 神經劑蒸汽，藉由顏色的改變，提供神經劑存在之陽性指標。如果沒有神經劑蒸汽，試紙會變成藍色或綠色。NAN-D 偵檢器是簡單不昂貴的儀器，專供士兵用來快速偵檢神經劑蒸汽；備有酵素試紙和說明書。

【註三】

CAM

軍方用 CAM 儀器來偵檢蒸氣型態之神經劑和膿疱劑。CAM 含有一個 Ni–63 的放射性同位素（radioisotope），可放出游離輻射線。CAM 經由取樣口抽取空氣試樣，同位素將試樣離子化，產生離子流動光譜（ion mobility spectra）。經由 CAM 內部所建之已知光譜配對，就可以辨識危害類別。

【討論一】

1. 名詞注釋

　(1)**交錯除污**（Cross Decon）：在除污通道，快速地去除最惡劣的表面污染，通常用手握的水管清洗、緊急沖淋設備或其他水源。它與緊急除污相同，但後者進行場所不限除污通道。

　(2)**緊急除污**（emergency Decon）：在個人受到潛在生命威脅情況下，進行去除污染作業，不管是否有建立除污通道（Decon corridor）。

(3)**技術除污**（technical Decon）：又謂正式除污，以化學方法或物理方法從因應員身上，周詳地去除污染物。主要是針對救災小組人員及其所用之因應工具。

(4)**隔離周界**（isolation line）：指一般民眾與冷區之間的線；也就是圍繞危害管制區的民眾管制線。

2. 如何避免二次污染（交錯污染）？

3. 大量傷患之除污

　　大量傷患之除污是一項複雜的程序，視現場大量傷患之預除污（Pre-Decon）緊急沖淋（Emergency Washdown，EW）、以及配合特殊除污設施之整合而定。在某些特殊的情況下，也許需要在「熱區」外面建立傷患篩選區（所謂檢傷區）；醫療人員可在此區對這些最嚴重之傷患，提供所需之緊急治療。當嚴重之傷患穩定了，並依相關規範給予預除污後，就可將他們移到主除污走廊；他們將於此處得到完全的除污。

4. 傷患指令（Casualty Instructions）

表 8-1　傷患指令（Casualty Instructions）[1]
(1)你可能已被污染了，往消防車方向走！ （You may have been contaminated, approach the Fire Truck!）
(2)脫下你的外衣！從頭部開始往下脫！只脫下外面衣服（*重複指令*） （Strip your outer clothing off! Start from your head and work downwards! Strip only your outer clothing off!（Repeat））
(3)這些化學污染物必須把它從你身上清洗掉！站好、手伸張開，進去水中！（*重複此指令*）

（This chemical must be rinsed off your body! Enter the water to rinse the chemical off your body!（Repeat）Stand with your arms extended outward and enter the water!（Repeat））

(4)這些化學污染物必須從你身上清洗掉！用水沖洗你自己！*（重複此指令）*

（This chemical must be rinsed from your body. Allow yourself to be flushed with water.（Repeat））

(5)注意聽！往消防車旁邊移動，做進一步清洗！現在去！*（重複此指令）*

（Listen carefully! proceed down the side of the fire truck for further rinsing! Go on now!（Repeat））

(6)請穿上給你們的衣服，注意，繼續往前移動到指定停留地方！*（重複此指令）*

（Please put on the clothes provided and proceed onward to designated holding area, attention.（Repeat））

【討論二】

1. 台灣核災急救責任醫院分三級

台灣核災急救責任醫院分三級，第一、二級以核電廠附近醫院為主，負責初步除污、輻射偵測和醫療處理，若傷勢嚴重則須轉第三級醫院。遭輻射污染者只要經刷洗，就可沖掉輻射污染物，但若曝露過量，本身已是輻射源者，則需住特殊病房。

	核一、核二、核四電廠	核三電廠
第一級	各核電廠內部醫務所以及當地衛生所。	各核電廠內部醫務所以及當地衛生所。
第二級	部立基隆醫院、基隆長庚醫院、台大金山分院、淡水馬偕醫院。	恆春基督教醫院、屏東基督教醫院、部立屏東醫院、部立恆春旅遊醫院、枋寮醫院、東港安泰醫院、輔英醫院。
第三級	台大、榮總、馬偕醫院、三軍總院、淡水長庚醫院。	

【討論三】

含放射性物質之廢水排入污水下水道，應符合下列規定：

(1)放射性物質須為可溶於水中者。

(2)每年排入污水下水道之氚之總活度不得超過 1.85E+11 貝克，碳 −14 之總活度不得超過 3.7E+10 貝克，其他放射性物質之活度總和不得超過 3.7E+10 貝克。

【習題】

【是非題】

1. 熱區範圍之終點值（end-point）建議為 5 μSv/h 或 300 cpm，兩者取較低值者。 **Ans**：（O）

2. 輻射污染除污時應背對危害，以加強屏蔽（shielding）功能。 **Ans**：（O）

3. 預除污（Pre-Decon）是發生在接近熱區的管制點。　**Ans**：（O）

4. 當執行輻射性除污，使用肥皂和溫水或濕抹布，勿用漂白水。

　　Ans：（O）

5. 用於清理輻射污染的肥皂、水和任何東西，要回收，以放射性廢棄物處理之。　**Ans**：（O）

6. 因應員被另外一個因應員或污染的受害者所污染，是所謂二次污染（交錯污染）。　**Ans**：（O）

【選擇題】

1. 預除污之足浴盆內漂白水溶液濃度為：　(1)10%　(2)20%　(3)30%

　　Ans：(1)

2. 以漂白水溶液噴灑 CBRN 防護服所用之溶液濃度為　(1)5%

(2)10%　(3)2%　　**Ans**：(1)

3. 除污設施是位於事故現場之　(1) 上風　(2) 下風　(3) 任何處均可

　　Ans：(1)

4. 輻射除污管制點（DCP）需在背景值，並離起始接觸點（Initial Contact Point，ICP）至少　(1)5 公尺　(2)10 公尺　(3)30 公尺之距離　　**Ans**：(1)

【國考】

1. 輻射示警標誌的顏色及形狀原則為何？　(1) 黃底紫紅色三葉形
(2) 紫紅底黃色之三葉形　(3) 黃底紫紅色之心形　(4) 紫紅底黃色之三角形　　**Ans**：(1)

2. 有關輻射示警標誌的敘述，何者為正確？　(1) 底為紫紅色，三葉形為藍色　(2) 底為綠色，三葉形為紅色　(3) 底為黃色，三葉形為紫紅色　(4) 底為綠色，三葉形為黃色　　**Ans**：(3)

3. 依「游離輻射防護安全標準」第五條，輻射示警標誌之三葉形為那種顏色？　(1) 黃色　(2) 白色　(3) 黑色　(4) 紫紅色　**Ans**：(4)

第 9 章

證據與取樣管理
(Evidence & Sampling Management)

9.1　一般說明

9.2　筆記製作（Note Taking）

9.3　證據管理（Evidence Management）

9.4　試樣種類（Types of Samples）

9.5　包裝與運輸（Packaging and Transportation）

9.1　一般說明

　　證據（evidence）可能會是任何東西，因此因應人員必需注意不得破壞現場。現場證據的蒐集可以說是一項很重視「程序」的作業，視證據種類和其量多寡，而增加人力。當然保護「生命」更甚於保存「證據」，所以當這種作業需在核生化（CBRN）複合災害的情境下進行時，有一些因素需要特別的考量，其中一項很重要的，就是「安全」；因此每一位進入現場蒐集證據的人，應事先已經過適當的訓練，例如個人防護具（PPE）的使用。美國 OSHA 法規（OSHA1910.120）對涉及危害物之犯罪現場證物之蒐集有所規定；OSHA 認為緊急因應組織成員如符合 NFPA472 標準，一般亦符合 OSHA 法規 HZWOPER 之要求（本書附錄 6）。HZWOPER 是涉及危害物質緊急因應之主要聯邦法規。

　　本章之目的：

- 敘述「筆記」之製作。
- 敘述證據管理。
- 敘述試樣種類。
- 敘述試樣處理。
- 敘述包裝和運送要求。

9.1.1　證據蒐集（Evidence Collection）

　　一般情況，證據蒐集小組（Evidence Recovery Team, ERT）有六

個基本成員／分組，他們必須整合為危害物質作業之組織架構。將有些任務合併以減少所需之人力。ERT 組織職位如下 [2]：

(1) 組長

(2) 拍照者與拍照記錄員

(3) 草繪員（Sketcher）

(4) 證據記錄者與保管人

(5) 證據蒐集小組成員

(6) 專家（Specialist）

ERT 小組所執行之功能 [2]：

- 準備

- 到現場

- 起始初步調查

- 評估物理證據可能性

- 準備說明／敘述現況

- 照相（注意！法庭不接受數位照相）

- 草繪現場

- 記錄和蒐集物理證據

- 進行物理調查

- 離開現場

然而一旦涉及危害物質，工作就比較麻煩且費時。本章下列各節會有進一步說明。

9.2 筆記製作（Note Taking）

不管你是不是警察，筆記製作都是一項重要之調查工具。作為一項事故之永久和持續之記錄，你的筆記將有助於重新建構該事故以及協助記憶。

所作之筆記應明確、合法和完整。現場所作之所有筆記，有助於將整個調查，勾勒出到底實際發生什麼事情。當事故發生時，機會一到來就要做筆記，如此才能確保你的記憶猶新之際，記錄下資訊。

9.2.1 你的筆記內容是什麼？（What Belongs in Your Note?）

筆記內容雖然視事故類別而異，但所做的記錄應注意或涵蓋下列事項：

- 每次所作之記錄應有日期、時間和地點。
- 詳細記錄你所認為與事故有關的相關資料。
- 使用專業語言和合理之簡寫。
- 不要包括個人意見。
- 不要使用鉛筆作記錄（要用 ink 筆）。
- 不要留空白頁。
- 如果寫錯不要擦掉。
- 若想起某細節應包括在原始記錄內，準備一個新的符號。
- 如果你想在原始記錄內增補，要在備忘錄（memos）和報告內作，勿使用它取代你的原始筆記。

9.2.2　選擇一本筆記簿（Choosing a Notebook）

如果你的筆記簿是你的辦公室所提供的，那就應使用它。若是你自己選擇的，主要的考量是耐用、不能改變和容易取得。要符合這些考量，找一本如下列所提到條件的筆記本：

- 裝訂本，以預防掉頁。
- 每頁的邊緣（margin）要夠大，才能注意到日期、時間、地點和案件名稱或案號；
- 紙質與封面要好，才能忍受每日的反覆使用；
- 在你的筆記簿的第一頁，記下：

  a. 你的名字、臂章號或識別號。

  b. 你的工作地點和電話號碼。

  c. 你開始使用日期。

- 筆記簿每頁都要有頁碼。
- 按筆記簿每頁之順序使用，不要移除或損毀任何書頁。

9.2.3　於法庭程序上使用筆記簿（Use of Notes at Legal Proceedings）

如果你必須出庭，你的筆記簿將極有助於你的記憶。然而，於法庭上使用你的筆記簿之前，問問你的法律諮詢人，以確認你的筆記簿有價值，且與訴訟（proceedings）有關。你的法律諮詢人也許會建議你不要在法庭上用你的筆記。如果你的筆記要於法庭上使用，不管是不是為了提醒你自己的記憶，確認它是原始的，且準備將被法官和辯

護者檢查／提問。你的筆記簿將是對你的性格的一項評估。

9.3　**證據管理**（Evidence Management）

Locard 原則（Locard Principle）：當某些人犯了罪，他們會遺留一些東西在現場，並從現場帶走某些東西。

要記住，不要自己去污染現場，這是非常重要的。鑑識專家為了他們的調查，希望犯罪現場儘可能保持原狀；如此才能使得一件恐怖／污染行為份子的起訴成功，其最終結果能有效。然而，因為因應任務的重點，在於保護生命，因此可能意外地影響到現場證據的保存。

證據保存之一般規則（NFPA 472）

一旦確認或懷疑事故涉及危害物質或 CBRN 劑，第一線因應員應依下列規則去幫助保存證據並協助執法：

- 除非有其必要，不要碰觸任何東西。
- 不要接觸沒有直接涉及到搶救活動的地方。
- 要去記住剛到時之現場狀況，以及事故進展之細節；記住 5W（Who、What、Where、When、Why and How）越多越好。

9.3.1　**犯罪現場之職責**（Crime Scene Responsibility）

犯罪現場與執行物理證據之搜索的錄影記錄，是法醫鑑識專家的責任。通常是事先指定一名證據人員（exhibit person），去蒐集所有

實驗室物理上的證據。鑑識專家（identification specialist）把那些必需檢驗的證據保留。

其它職責包括：

- 保存和保護證據。
- 筆錄和照相。
- 搜索。
- 量度和繪圖。

9.3.2 法規上和科學上的要求（Legal and Scientific Requirements）

如何確保每一個犯罪現場符合法規上和科學上的要求，是鑑識專家的職責。為了符合這些要求，他們應能去：

- 鑑明每一件證據。
- 正確地說明它在那裡找到的。
- 證明連續性。
- 說明證據上的改變。

9.3.3 證明（Proof）

證據的最終目的是取得證明（proof）。所謂「證明」係指藉由下列證據，以建立一件事實：

- 證明這些證物（exhibit material）就是那些從犯罪現場所蒐集

的,並且除了所授權的收件者,沒有任何一個人曾經有過機會去接近和污染證物(exhibit)、化驗室、任何儀器或任何結果。

- 於執行 5W(Who、What、Where、When、Why and How)的時候,所作的「記錄」。

- 資料(特別是要交給他人者)要註明「日期」並簽字。

9.4 試樣種類(Types of Samples)

試樣型態(液體、氣體、固體或輻射)和試樣的取得均有好幾種類型(圖 9-1、圖 9-2、圖 9-3)和方法。很重要的是,要記得一旦儀器取完一個試樣,它就被污染了,因此不能再用於取其它試樣。所取的試樣,應送往能夠測試和證實 CBRN(核生化)物質存在之法定認可的化驗室。

圖 9-1　液體試樣

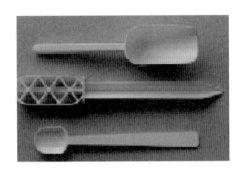

圖 9-2 土壤試樣

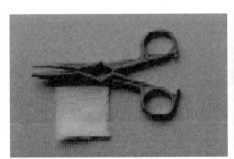

圖 9-3 放射性試樣

9.4.1 快速之試樣（Expedient Samples）

所謂「快速之試樣」是指由負有偵查任務之因應員，在現場取得之試樣。他們抽取此種試樣的理由是，要確保證據有機會蒸發或不小心被破壞之前，能於現場取得一個試樣。雖然這不是一個理想的情況，但如果能在適當的控制和管理下，此試樣可作為證據之用，並也

可作為於現場分析之目的，有助於鑑明現場之危害。

目前有諸多現場分析儀器可供 CBRN 災害情境使用，讀者可參考 NFPA472[15] 或一般工業安全教科書 [17]；至於液體的現場急毒試驗（acute toxicity），現在也有商業化的 Microtox Acute Toxicity Test 儀器可供現場使用，只需 15 分鐘左右即可知結果（見討論 3）。

9.4.2 分析之試樣（Analytical Sample）

分析之試樣（analytical sample）係指由受過訓練的人員所取得之試樣，以作為證據之用。這些試樣可能是液體、固體或氣體型態；它們被運往化驗室，以特殊儀器在控制的環境下分析。

圖 9-4　液體試樣

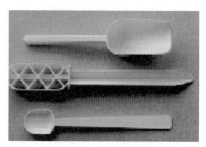

圖 9-5　土壤試樣

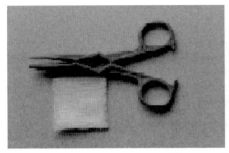

圖 9-6　放射性試樣

9.5　包裝與運輸（Packaging and Transportation）

　　這些需要運離犯罪現場之證物（證據）（exhibit），有可能潛在地為 CBRN（核生化）劑所污染，也或許它本身就是 CBRN 劑。因此，這些要提交法庭之證物的包裝要符合相關法規之要求，以確保大眾之安全。所有要運送的證物必需依法，適當的標示與安全的包裝，以保持證據之連續性。依據聯合國橘皮書（Orange book）與加拿大危險品運輸法規（Transportation of Dangerous Goods Regulations，TDGA），針對每一類危險品都有其特殊的包裝和標示要求。危險品分類中，與 CB 最有關聯的是第六類：毒性與感染性物質（toxic and infectious substances）。我國應參考道路安全規則第八十四條與毒物管理法之規定。

　　第六類的物質包括：

- 易造成死亡或人體健康之嚴重傷害（經由口、鼻或皮膚接觸進入人體）。

173

- 感染性物質。

第六類危險品有兩個分組（division）：

- 第 6.1 組——毒性物質（大部份的化學戰劑）
- 第 6.2 組——感染性物質（生物戰劑）

放射性試樣是第七類危險品。於運送這些放射性試樣前，宜先向主管單位諮詢。

【討論】

1. 何謂 Locard 原則（Locard Principle）？

Locard Principle 係指當某些人犯了罪，他們會遺留一些東西在現場，並從現場帶走某些東西。

2. 試說明「快速之試樣」（Expedient Sample）與「分析之試樣」（Analytical Sampe）兩者之區別。

所謂「**快速之試樣**」是指由負有偵查任務的因應員，於現場取得之試樣。他們抽取這些試樣的原因是，要確保證據有機會被蒸發或不小心被破壞之前，能於現場取得的試樣。而「**分析用之試樣**」係指由受過分析訓練的人員所取得之試樣，以作為證據之用。

3. Microtox 毒性試驗法（Microtox Acute Toxicity Test）：

Microtox 毒性試驗法使用了「費希爾弧菌」（Vibrio fischeri）（發光細菌），它會產生光作為新陳代謝之副產品。任何能抑制新陳代謝的條件，例如毒性，都將降低它的發光速率。毒性愈毒，表示產光之抑制愈高，此為加拿大環境部（Environment Canada）之法定生物急

毒性試驗法，專使用於電鍍工廠、紙漿工廠、油墨製造廠等工業放流水之急毒測驗。

Microtox 毒性試驗法目前被許多國家使用於監測飲用水。試驗所需時間低於 15 分鐘，因此可以快速因應水質之變化。

Microtox 毒性試驗法適用於監測諸多毒性物質，包括金屬、殺蟲劑、殺鼠劑、鹵化溶劑、工業化學劑等，如表 9-1 所示。這種系統已被用來監測供應美國五角大廈的飲用水，以防止恐怖份子污染飲用水之威脅。

台灣目前使用 Microtox 儀器的機構，包括環保署環檢所、台塑、台積電、聯電、友達、中油、台大環工所、弘光大學、朝陽、東海環工、成大等。環保署預計 2015 年公佈其標準檢驗步驟。

表 9-1　適用 Microtox 試驗法毒性物質例	
Arsenic*	Mercury*
Sodium Cyanide*	Selenium
Potassium Cyanide*	Chromium
PR-Toxin	Copper
Aflatoxin*	Ochratoxin
Rubratoxin	Chloroform
Ammonia	Sodium Lauryl Sulfate
Benzoyl Cyanide	Lindane *
DDT	Cresol
Formaldehyde	Malathion *
Carbaryl	Flouroacetate *
Trinitrotoluene (TNT)	Parathion*
4-phenyl Toluene	Carbofuran

Pentachlorophenol	Patulin
Paraquat	Diazinon
Cyclohexamide	Cadmium*
Quinine	Dieldrin
Lead	

＊美國空軍在一項「Chemical and Biological Warfare Threat: USAF Water Systems at Risk」研究報告中所指。

攜帶式生物急毒性污染物檢測儀

DeltaTox®II 的急性毒性和 ATP 檢測功能使用快速、準確估計、攜帶方便。

規格	
尺寸	20cm×18cm×10cm 8"×7"×14"
重量	1 公斤（2.2 磅）
儀器操作溫度	0℃ to +40℃
試劑操作溫度	10℃ to +35℃
動態測試範圍	1 至 60 萬計數（約）
認證	CE
顯示輸出	液晶顯示，8 行 ×20 字
記號輸出	USB
數據儲存	約 600 筆
數據處理	內置軟體，記錄和自動計算結果，數據分析
檢測試劑	冷凍螢光菌（Vibrio fiacheri）
毒性試劑儲存	冷凍 −15℃至 −25℃～活化兩小時（環境溫度）
ATP 試劑儲存	冷藏
測試模式	毒性（Q-TOX 和 B-TOX）和 ATP 的測量
測試測量標準	計時測量由測試劑在樣品中暴露的光量度
結果顯示	百分比光損失或增益毒性測驗或光單元（光子）計數（ATP 測量）
精準度	變異係數 < 20% 為 Q-TOX 和 B-TOX 模式檢測靈敏度和範圍；該分析能檢測光子數從 0 到 60 萬

產品特色／優點：

- 敏感測試超過 2700 種不同的簡單／複雜的化學品；5 分鐘內有結果。
- 良好的相關性與高性能計算方法；成本效益高。
- 微生物檢測水平飲用水 –100 個／mL。

桌上型生物急毒性污染物檢測儀

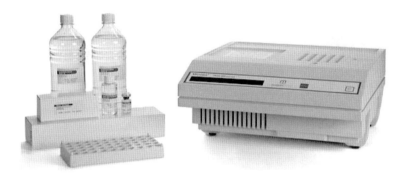

產品特色／優點：

- 快速發現。
- 能夠檢測出多種化學和生物毒性物質。
- 誤報或漏報降到最小程度。
- 保證結果的重現性。
- 使用人員只需一般的培訓和技術要求。

標準與認可：

- 工業、學者以及政府測試機構所認可。
- 現有超過 500 篇相關文章／報導。
- 已被一些國家和地區作為標準。
- 美國 ASTM 標準（D-5660）。

- 加拿大艾伯塔省統一測試認可。

- 美國環保局（EPA）排水毒性測試協定（WET）認可。

Microtox 的準確性與靈敏度：

- 已確認的變異係數（CV）平均值是 20%。

- 與化學方法分析相似，遠優越於其他所有生物測試方法。

生物急毒性連續偵測儀

規格	
樣品要求	200 毫升／小時
連結	2.2mm 管及轉接頭
控制系統	編碼器
傳輸	網路，USB
耗材	每四個星期更換
標準品	5mg/1zine
廢棄容器	120L／月，兩小時有濾水功能
重量	70 公斤（約）
外箱	鋁合金，通風設備
樣品溫度	1-30℃（自動校正溫度）
電源	230V 50Hz AC250W（客製化）
顯示器	180mm×120mm 彩色觸碰螢幕
訊號輸出	4-20mA，繼電器警報輸出
自動分析（空白或控制）	客製化 3 至 24 小時
保養	每月兩小時
自動取樣器	具警報功能（選配）
尺寸	1675×750×365mm (H×W×D)

- 真正的時間和真實地連續監視，連續的自動操作 1 個月。

- 除了定期維護（每個月 2 個小時）之外，不需人力。

- 試劑可被存放在室溫。

- 系統具自動診斷缺點。

- 可遠端遙控，數據分析和查明故障。

- 可選擇測試多個水源。

客戶名單		
台大環工所	中油	東吳大學
台大	生技中心	崑山科技大學
中研院	農藥毒物試驗所	友達光電
交大	台大獸醫系	朝陽科技大學
交大環工所	國立高雄海洋科技大學	自來水公司
清大	大仁技術學院	中原大學
東海大學	嘉南藥理科技大學	台塑麥寮
環保署	國立聯合技術學院	台積電 12 廠
中興大學	中央大學	聯華電子
台大公衛所	成功大學	中山醫學大學
能資所	弘光技術學院	臺中科大
工研院	竹南科學園區污水廠	中華醫事
中山大學	中山醫學大學	嘉義大學

圖 9-7 Microtox 毒性試驗法儀器

（典試科技股份有限公司 Tel：02-27914548）

習題

【是非題】

1. 筆記是項事故之永久和持續之記錄，它有助於重新建構該事故情境，以及協助記憶。 **Ans**：（O）

2. 當事故發生時，機會一到來就要做筆記，才能確保你的記憶猶新之際，記錄下當時資訊。 **Ans**：（O）

3. 筆記要包括個人意見。 **Ans**：（X）

4. 筆記之記錄如果寫錯，要擦掉 **Ans**：（X）

5. 當儀器取完一個試樣,它就被污染了,因此不能再用於取其它試樣。 **Ans**:(O)

【選擇題】

1. 每次所作之記錄應有　(1) 日期與時間　(2) 地點　(3) 日期、時間和地點 **Ans**:(3)

附錄1 嚴重污染環境輻射標準

中華民國九十二年一月三十日行政院原子能委員會會輻字第○九二
○○○二七四二號令訂定發布全文四條

中華民國一○○年一月七日行政院原子能委員會會輻字第一
○○○○○○○八四號令修正

第 一 條　本標準依游離輻射防護法（以下簡稱本法）第三十八
　　　　　條第二項規定訂定之。

第 二 條　擅自或未依規定進行輻射作業而改變輻射工作場所外
　　　　　空氣、水或土壤原有之放射性物質含量，造成環境中
　　　　　有下列各款情形之一者，為嚴重污染環境：

　　　　　一、一般人年有效劑量達十毫西弗者。

　　　　　二、一般人體外曝露之劑量，於一小時內超過○‧二
　　　　　　　毫西弗。

　　　　　三、空氣中二小時內之平均放射性核種濃度超過主管
　　　　　　　機關公告之年連續空氣中排放物濃度之一千倍。

　　　　　四、水中二小時內之平均放射性核種濃度超過主管機
　　　　　　　關公告之年連續水中排放物濃度之一千倍。

　　　　　五、放射性核種超過附表土壤中放射性核種活度濃度
　　　　　　　嚴重污染標準規定，且污染面積達一千平方公尺
　　　　　　　以上。

第 三 條　前條第三款、第四款規定之放射性核種為混合物時，
　　　　　其計算方法如下：

$$\sum_{i=1}^{n} \frac{C_i}{C_{i,0}} > 1000$$

式中：C_i：第 i 個核種濃度（單位：貝克／立方公尺）。

$C_{i,0}$：第 i 個核種公告之年連續排放物濃度（單位：貝克／立方公尺）。

n：所含核種之數目。

前條第五款規定之放射性核種為混合物時，其計算方法如下：

$$\sum_{i=1}^{n} \frac{A_i}{A_{i,0}} > 1$$

式中：A_i：第 i 個核種活度濃度（單位：貝克／克）。

$A_{i,0}$：第 i 個核種活度濃度標準（單位：貝克／克）。

n：所含核種之數目。

第 四 條 本標準自發布日施行。

附表 土壤中放射性核種活度濃度嚴重污染標準

核種	活度濃度 (貝克／克)	核種	活度濃度 (貝克／克)	核種	活度濃度 (貝克／克)
H–3	10^5	Co–55	10^4	Sr–91	10^4
Be–7	10^4	Co–56	10^2	Sr–92	10^4
C–14	10^3	Co–57	10^3	Y–90	10^6
F–18	10^4	Co–58	10^3	Y–91	10^5
Na–22	10^2	Co–58m	10^7	Y–91m	10^5
Na–24	10^3	Co–60	10^2	Y–92	10^5
Si–31	10^6	Co–60m	10^6	Y–93	10^5
P–32	10^6	Co–61	10^5	Zr–93	10^4
P–33	10^6	Co–62m	10^4	Zr–95	10^3
S–35	10^5	Ni–59	10^5	Zr–97	10^4
Cl–36	10^3	Ni–63	10^5	Nb–93m	10^4
Cl–38	10^4	Ni–65	10^4	Nb–94	10^2
K–42	10^5	Cu–64	10^5	Nb–95	10^3
K–43	10^4	Zn–65	10^2	Nb–97	10^4
Ca–45	10^5	Zn–69	10^6	Nb–98	10^4
Ca–47	10^4	Zn–69m	10^4	Mo–90	10^4
Sc–46	10^2	Ga–72	10^4	Mo–93	10^4
Sc–47	10^5	Ge–71	10^7	Mo–99	10^4
Sc–48	10^3	As–73	10^6	Mo–101	10^4
V–48	10^3	As–74	10^4	Tc–96	10^3
Cr–51	10^5	As–76	10^4	Tc–96m	10^6
Mn–51	10^4	As–77	10^6	Tc–97	10^4
Mn–52	10^3	Se–75	10^3	Tc–97m	10^5
Mn–52m	10^4	Br–82	10^3	Tc–99	10^3
Mn–53	10^5	Rb–86	10^5	Tc–99m	10^5
Mn–54	10^2	Sr–85	10^3	Ru–97	10^4
Mn–56	10^4	Sr–85m	10^5	Ru–103	10^3
Fe–52	10^4	Sr–87m	10^5	Ru–105	10^4
Fe–55	10^6	Sr–89	10^6	Ru–106	10^2
Fe–59	10^3	Sr–90	10^3	Rh–103m	10^7

核種	活度濃度 (貝克／克)	核種	活度濃度 (貝克／克)	核種	活度濃度 (貝克／克)
Rh–105	10^5	I–125	10^5	Sm–151	10^6
Pd–103	10^6	I–126	10^4	Sm–153	10^5
Pd–109	10^5	I–129	10	Eu–152	10^2
Ag–105	10^3	I–130	10^4	Eu–152m	10^5
Ag–110m	10^2	I–131	10^4	Eu–154	10^2
Ag–111	10^5	I–132	10^4	Eu–155	10^3
Cd–109	10^3	I–133	10^4	Gd–153	10^4
Cd–115	10^4	I–134	10^4	Gd–159	10^5
Cd–115m	10^5	I–135	10^4	Tb–160	10^3
In–111	10^4	Cs–129	10^4	Dy–165	10^6
In–113m	10^5	Cs–131	10^6	Dy–166	10^5
In–114m	10^4	Cs–132	10^4	Ho–166	10^5
In–115m	10^5	Cs–134	10^2	Er–169	10^6
Sn–113	10^3	Cs–134m	10^6	Er–171	10^5
Sn–125	10^4	Cs–135	10^5	Tm–170	10^5
Sb–122	10^4	Cs–136	10^3	Tm–171	10^6
Sb–124	10^3	Cs–137	10^2	Yb–175	10^5
Sb–125	10^2	Cs–138	10^4	Lu–177	10^5
Te–123m	10^3	Ba–131	10^4	Hf–181	10^3
Te–125m	10^6	Ba–140	10^3	Ta–182	10^2
Te–127	10^6	La–140	10^3	W–181	10^4
Te–127m	10^4	Ce–139	10^3	W–185	10^6
Te–129	10^5	Ce–141	10^5	W–187	10^4
Te–129m	10^4	Ce–143	10^4	Re–186	10^6
Te–131	10^5	Ce–144	10^4	Re–188	10^5
Te–131m	10^4	Pr–142	10^5	Os–185	10^3
Te–132	10^3	Pr–143	10^6	Os–191	10^5
Te–133	10^4	Nd–147	10^5	Os–191m	10^6
Te–133m	10^4	Nd–149	10^5	Os–193	10^5
Te–134	10^4	Pm–147	10^6	Ir–190	10^3
I–123	10^5	Pm–149	10^6	Ir–192	10^3

核種	活度濃度 (貝克/克)	核種	活度濃度 (貝克/克)	核種	活度濃度 (貝克/克)
Ir–194	10^5	Pa–233	10^4	Am–243	10^2
Pt–191	10^4	U–230	10^4	Cm–242	10^4
Pt–193m	10^6	U–231	10^5	Cm–243	10^3
Pt–197	10^6	U–232	10^2	Cm–244	10^3
Pt–197m	10^5	U–233	10^3	Cm–245	10^2
Au–198	10^4	U–236	10^4	Cm–246	10^2
Au–199	10^5	U–237	10^5	Cm–247	10^2
Hg–197	10^5	U–239	10^5	Cm–248	10^2
Hg–197m	10^5	U–240	10^5	Bk–249	10^5
Hg–203	10^4	Np–237	10^3	Cf–246	10^6
Tl–200	10^4	Np–239	10^5	Cf–248	10^3
Tl–201	10^5	Np–240	10^4	Cf–249	10^2
T–202	10^4	Pu–234	10^5	Cf–250	10^3
Tl–204	10^3	Pu–235	10^5	Cf–251	10^2
Pb–203	10^4	Pu–236	10^3	Cf–252	10^3
Bi–206	10^3	Pu–237	10^5	Cf–253	10^5
Bi–207	10^2	Pu–238	10^2	Cf–254	10^3
Po–203	10^4	Pu–239	10^2	Es–253	10^5
Po–205	10^4	Pu–240	10^2	Es–254	10^2
Po–207	10^4	Pu–241	10^4	Es–254m	10^4
At–211	10^6	Pu–242	10^2	Fm–254	10^7
Ra–225	10^4	Pu–243	10^6	Fm–255	10^5
Ra–227	10^5	Pu–244	10^2	未列之人工放射性核種	10^2
Th–226	10^6	Am–241	10^2		
Th–229	10^2	Am–242	10^6		
Pa–230	10^4	Am–242m	10^2		

註：

1. 本標準係參考國際原子能總署安全指引 RS-G-1.7（2004 年）表 2 豁免（清潔）活度濃度建議值，直接乘上 1000 倍作為土壤中放射性核種活度濃度嚴重污染標準。

2. 活度濃度原文為 Activity concentration。

附錄2　TDS技術

　　本書第四章指出游離輻射防護要採用TDS技術。本附錄說明環境核生化劑（CBRN）污染因應之各種TDS技術。TDS是Time（時間）、Distance（距離）與Shielding（屏蔽）之縮寫。

CBRN 事故的特性、危害種類與自我保護等措施			
事故	特性	TRACEM*	TDS 技術
生物性	社區公共衛生緊急，例如霍亂或炭疽病（Anthrax）或伊波拉病毒（Ebola Viral）污染。因應之重點在於找出生物菌或其釋放源。	感染性的	時間：最短接觸時間。有些病菌可能很快地令人致命（即使量很少）。距離：如未受保護，則最遠，包括遠離這些被感染或曝露之死亡者。掩護：離病菌越遠越好，包括口罩與沖洗。
核輻射性	潛在污染源：放射性擴散裝置	主要是放射學的，包括熱能的、化學的、或機械的。	時間：要儘量最小化，以減少曝露。距離：離危害源最大化。掩護：PPE，包括頭罩、呼吸防護與鉛牆。

化學性	包括皮膚所吸收、鼻子所吸入、口所吃進去、所注入的等危害物質。可能包括氨氣與汽油。	主要是化學物，但也包括熱能、窒息性與機械性的。	時間：減少曝露時間，和與產品之接觸。 距離：儘可能遠離實際之化學剩餘物；要位於上風、上坡；離開污染處與傷患處（除非穿戴 PPE）。 掩護：最大，依化學劑而定
爆炸性	可能具多重危害（在相當特殊情況下）。	主要是機械性，但也包括熱能、化學性與生物性或放射性的。	時間：最短的間隔時間；爆炸可能發生於數百分之一秒。 距離：最大；參考 2000 年版 ERG。 掩護：最大；避免直視、小心二次裝置和結構崩潰。

*TRACEM 是五種危害類別之縮寫；thermal（熱能性）、radiological（放射性）、asphyxiation（窒息性）、chemical（化學性）、etiological/biological（生物性）與 mechanical（機械性）。

　　伊波拉病毒（Ebola）1976年在當時的薩伊共和國，也就是現在的剛果，首次爆發，造成40多人死亡，由於爆發地點靠近伊波拉河，因此被命名為伊波拉病毒。Ebola是一個用來稱呼一群屬於纖維病毒科伊波拉病毒屬下數種病毒的通用術語，會導致伊波拉病毒出血熱。2000年，伊波拉病毒在烏干達北部爆發，造成4百多人感染，其中224人死亡。2008年，伊波拉病毒在烏干達和剛果邊境爆發，造成40人死亡。罹患此病會致人於死，包含數種不同程度的症狀，包括噁心、嘔吐、腹瀉、膚色改變、全身痠痛、體內出血、體外出血、發燒等；具

有50%到90%的致死率，致死原因主要為中風、心肌梗塞、低血容量休克或多發性器官衰竭。

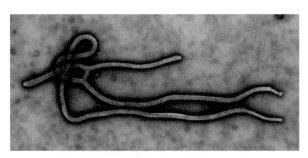

伊波拉病毒（取自網路）

附錄3 游離輻射防護法

中華民國九十一年一月三十日總統（91）華總一義字第 09100019000 號令制定公布全文 57 條

中華民國九十一年十二月二十三日行政院院臺科字第 0910064739 號令發布自九十二年二月一日施行

第一章 總則

第 1 條

為防制游離輻射之危害，維護人民健康及安全，特依輻射作業必須合理抑低其輻射劑量之精神制定本法；本法未規定者，適用其他有關法律之規定。

第 2 條

本法用詞定義如下：

一、游離輻射：指直接或間接使物質產生游離作用之電磁輻射或粒子輻射。

二、放射性：指核種自發衰變時釋出游離輻射之現象。

三、放射性物質：指可經由自發性核變化釋出游離輻射之物質。

四、可發生游離輻射設備：指核子反應器設施以外，用電磁場、原子核反應等方法，產生游離輻射之設備。

五、放射性廢棄物：指具有放射性或受放射性物質污染之廢棄物，包括備供最終處置之用過核子燃料。

六、輻射源：指產生或可產生游離輻射之來源，包括放射性物質、可發生游離輻射設備或核子反應器及其他經主管機關指定或公告之物料或機具。

七、背景輻射：指下列之游離輻射：

（一）宇宙射線。

（二）天然存在於地殼或大氣中之天然放射性物質釋出之游離輻射。

（三）一般人體組織中所含天然放射性物質釋出之游離輻射。

（四）因核子試爆或其他原因而造成含放射性物質之全球落塵釋出之游離輻射。

八、曝露：指人體受游離輻射照射或接觸、攝入放射性物質之過程。

九、職業曝露：指從事輻射作業所受之曝露。

一○、醫療曝露：指在醫療過程中病人及其協助者所接受之曝露。

一一、緊急曝露：指發生事故之時或之後，為搶救遇險人員，阻止事態擴大或其他緊急情況，而有組織且自願接受之曝露。

一二、輻射作業：指任何引入新輻射源或曝露途徑、或擴大受照人員範圍、或改變現有輻射源之曝露途徑，從而使人們受到之曝露，或受到曝露之人數增加而獲得淨利益之人類活動。包括對輻射源進行持有、製造、生產、安裝、改裝、使用、運轉、維修、拆除、檢查、處理、輸入、輸出、銷售、運送、貯存、轉讓、租借、過境、轉口、廢棄或處置之作業及其他經主管機關指定或公告者。

一三、干預：指影響既存輻射源與受曝露人間之曝露途徑，以減少個人或集體曝露所採取之措施。

一四、設施經營者：指經主管機關許可、發給許可證或登記備查，經
　　　營輻射作業相關業務者。

一五、雇主：指僱用人員從事輻射作業相關業務者。

一六、輻射工作人員：指受僱或自僱經常從事輻射作業，並認知會接
　　　受曝露之人員。

一七、西弗：指國際單位制之人員劑量單位。

一八、劑量限度：指人員因輻射作業所受之曝露，不應超過之劑量值。

一九、污染環境：指因輻射作業而改變空氣、水或土壤原有之放射性
　　　物質含量，致影響其正常用途，破壞自然生態或損害財物。

第 3 條

本法之主管機關，為行政院原子能委員會。

第 4 條

天然放射性物質、背景輻射及其所造成之曝露，不適用本法之規定。
但有影響公眾安全之虞者，主管機關得經公告之程序，將其納入管
理；其辦法由主管機關定之。

第二章　輻射安全防護

第 5 條

為限制輻射源或輻射作業之輻射曝露，主管機關應參考國際放射防護
委員會最新標準訂定游離輻射防護安全標準，並應視實際需要訂定
相關導則，規範輻射防護作業基準及人員劑量限度等游離輻射防護事
項。

第 6 條

爲確保放射性物質運送之安全，主管機關應訂定放射性物質安全運送規則，規範放射性物質之包裝、包件、交運、運送、貯存作業及核准等事項。

第 7 條

設施經營者應依其輻射作業之規模及性質，依主管機關之規定，設輻射防護管理組織或置輻射防護人員，實施輻射防護作業。

前項輻射防護作業，設施經營者應先擬訂輻射防護計畫，報請主管機關核准後實施。未經核准前，不得進行輻射作業。

第一項輻射防護管理組織及人員之設置標準、輻射防護人員應具備之資格、證書之核發、有效期限、換發、補發、廢止及其他應遵行事項之管理辦法，由主管機關會商有關機關定之。

第 8 條

設施經營者應確保其輻射作業對輻射工作場所以外地區造成之輻射強度與水中、空氣中及污水下水道中所含放射性物質之濃度，不超過游離輻射防護安全標準之規定。

前項污水下水道不包括設施經營者擁有或營運之污水處理設施、腐化槽及過濾池。

第 9 條

輻射工作場所排放含放射性物質之廢氣或廢水者，設施經營者應實施輻射安全評估，並報請主管機關核准後，始得爲之。

前項排放，應依主管機關之規定記錄及申報並保存之。

第 10 條

設施經營者應依主管機關規定，依其輻射工作場所之設施、輻射作業

特性及輻射曝露程度，劃分輻射工作場所爲管制區及監測區。管制區內應採取管制措施；監測區內應爲必要之輻射監測，輻射工作場所外應實施環境輻射監測。

前項場所劃分、管制、輻射監測及場所外環境輻射監測，應擬訂計畫，報請主管機關核准後實施。未經核准前，不得進行輻射作業。

第一項環境輻射監測結果，應依主管機關之規定記錄及申報並保存之。

第二項計畫擬訂及其作業之準則，由主管機關定之。

第 11 條

主管機關得隨時派員檢查輻射作業及其場所；不合規定者，應令其限期改善；未於期限內改善者，得令其停止全部或一部之作業；情節重大者，並得逕予廢止其許可證。

主管機關爲前項處分時，應以書面敘明理由。但情況急迫時，得先以口頭爲之，並於處分後七日內補行送達處分書。

第 12 條

輻射工作場所發生重大輻射意外事故且情況急迫時，爲防止災害發生或繼續擴大，以維護公眾健康及安全，設施經營者得依主管機關之規定採行緊急曝露。

第 13 條

設施經營者於下列事故發生時，應採取必要之防護措施，並立即通知主管機關：

一、人員接受之劑量超過游離輻射防護安全標準之規定者。

二、輻射工作場所以外地區之輻射強度或其水中、空氣中或污水下水道中所含放射性物質之濃度超過游離輻射防護安全標準之規定者。本款污水下水道不包括設施經營者擁有或營運之污水處理設

施、腐化槽及過濾池。

三、放射性物質遺失或遭竊者。

四、其他經主管機關指定之重大輻射事故。

主管機關於接獲前項通知後,應派員檢查,並得命其停止與該事故有關之全部或一部之作業。

第一項應依規定實施調查、分析、記錄及於期限內向主管機關提出報告。

設施經營者於第一項之事故發生時,除採取必要之防護措施外,非經主管機關核准,不得移動或破壞現場。

第 14 條

從事或參與輻射作業之人員,以年滿十八歲者爲限。但基於教學或工作訓練需要,於符合特別限制情形下,得使十六歲以上未滿十八歲者參與輻射作業。

任何人不得令未滿十六歲者從事或參與輻射作業。

雇主對告知懷孕之女性輻射工作人員,應即檢討其工作條件,以確保妊娠期間胚胎或胎兒所受之曝露不超過游離輻射防護安全標準之規定;其有超過之虞者,雇主應改善其工作條件或對其工作爲適當之調整。雇主對在職之輻射工作人員應定期實施從事輻射作業之防護及預防輻射意外事故所必要之教育訓練,並保存記錄。

輻射工作人員對於前項教育訓練,有接受之義務。

第一項但書規定之特別限制情形與第四項教育訓練之實施及其記錄保存等事項,由主管機關會商有關機關定之。

第 15 條

爲確保輻射工作人員所受職業曝露不超過劑量限度並合理抑低,雇主

應對輻射工作人員實施個別劑量監測。但經評估輻射作業對輻射工作人員一年之曝露不可能超過劑量限度之一定比例者，得以作業環境監測或個別劑量抽樣監測代之。

前項但書規定之一定比例，由主管機關定之。

第一項監測之度量及評定，應由主管機關認可之人員劑量評定機構辦理；人員劑量評定機構認可及管理之辦法，由主管機關定之。

雇主對輻射工作人員實施劑量監測結果，應依主管機關之規定記錄、保存、告知當事人。

主管機關為統計、分析輻射工作人員劑量，得自行或委託有關機關（構）、學校或團體設置人員劑量資料庫。

第 16 條

雇主僱用輻射工作人員時，應要求其實施體格檢查；對在職之輻射工作人員應實施定期健康檢查，並依檢查結果為適當之處理。

輻射工作人員因一次意外曝露或緊急曝露所接受之劑量超過五十毫西弗以上時，雇主應即予以包括特別健康檢查、劑量評估、放射性污染清除、必要治療及其他適當措施之特別醫務監護。

前項輻射工作人員經特別健康檢查後，雇主應就其特別健康檢查結果、曝露歷史及健康狀況等徵詢醫師、輻射防護人員或專家之建議後，為適當之工作安排。

第一項健康檢查及第二項特別醫務監護之費用，由雇主負擔。

第一項體格檢查、健康檢查及第二項特別醫務監護之記錄，雇主應依主管機關之規定保存。

第二項所定特別健康檢查，其檢查項目由主管機關會同中央衛生主管機關定之。

輻射工作人員對於第一項之檢查及第二項之特別醫務監護，有接受之義務。

第 17 條

爲提昇輻射醫療之品質，減少病人可能接受之曝露，醫療機構使用經主管機關公告應實施醫療曝露品質保證之放射性物質、可發生游離輻射設備或相關設施，應依醫療曝露品質保證標準擬訂醫療曝露品質保證計畫，報請主管機關核准後始得爲之。

醫療機構應就其規模及性質，依規定設醫療曝露品質保證組織、專業人員或委託相關機構，辦理前項醫療曝露品質保證計畫相關事項。

第一項醫療曝露品質保證標準與前項醫療曝露品質保證組織、專業人員設置及委託相關機構之管理辦法，由主管機關會同中央衛生主管機關定之。

第 18 條

醫療機構對於協助病人接受輻射醫療者，其有遭受曝露之虞時，應事前告知及施以適當之輻射防護。

第 19 條

主管機關應選定適當場所，設置輻射監測設施及採樣，從事環境輻射監測，並公開監測結果。

第 20 條

主管機關發現公私場所有遭受輻射曝露之虞時，得派員攜帶證明文件進入檢查或偵測其游離輻射狀況，並得要求該場所之所有人、使用人、管理人或其他代表人提供有關資料。

前項之檢查或偵測，主管機關得會同有關機關爲之。

第 21 條

商品非經主管機關許可,不得添加放射性物質。

前項放射性物質之添加量,不得逾越主管機關核准之許可量。

第 22 條

商品對人體造成之輻射劑量,於有影響公眾健康之虞時,主管機關應會同有關機關實施輻射檢查或偵測。

前項商品經檢查或偵測結果,如有違反標準或有危害公眾健康者,主管機關應公告各該商品品名及其相關資料,並命該商品之製造者、經銷者或持有者為一定之處理。

前項標準,由主管機關會商有關機關定之。

第 23 條

為防止建築材料遭受放射性污染,主管機關於必要時,得要求相關廠商實施原料及產品之輻射檢查、偵測或出具無放射性污染證明。其管理辦法,由主管機關定之。

前項原料、產品之輻射檢查、偵測及無放射性污染證明之出具,應依主管機關之規定或委託主管機關認可之機關(構)、學校或團體為之。

第一項建築材料經檢查或偵測結果,如有違反前條第三項規定之標準者,依前條第二項規定處理。

第二項之機關(構)、學校或團體執行第一項所訂業務,應以善良管理人之注意為之,並負忠實義務。

第 24 條

直轄市、縣(市)主管建築機關對於施工中之建築物所使用之鋼筋或鋼骨,得指定承造人會同監造人提出無放射性污染證明。

主管機關發現建築物遭受放射性污染時,應立即通知該建築物之居民

及所有人。

前項建築物之輻射劑量達一定劑量者，主管機關應造冊函送該管直轄市、縣（市）地政主管機關將相關資料建檔，並開放民眾查詢。

放射性污染建築物事件防範及處理之辦法，由主管機關定之。

第 25 條

為保障民眾生命財產安全，建築物有遭受放射性污染之虞者，其移轉應出示輻射偵測證明。

前項有遭受放射性污染之虞之建築物，主管機關應每年及視實際狀況公告之。

第一項之輻射偵測證明，應由主管機關或經主管機關認可之機關（構）或團體開立之。其辦法，由主管機關定之。

前項之機關（構）或團體執行第三項所訂業務，應以善良管理人之注意為之，並負忠實義務。

第 26 條

從事輻射防護服務相關業務者，應報請主管機關認可後始得為之。

前項輻射防護服務相關業務之項目、應具備之條件、認可之程序、認可證之核發、換發、補發、廢止及其他應遵行事項之管理辦法，由主管機關定之。

從事第一項業務者執行業務時，應以善良管理人之注意為之，並負忠實義務。

第 27 條

發生核子事故以外之輻射公害事件，而有危害公眾健康及安全或有危害之虞者，主管機關得會同有關機關採行干預措施；必要時，並得限制人車進出或強制疏散區域內人車。

主管機關對前項輻射公害事件，得訂定干預標準及處理辦法。

主管機關採行第一項干預措施所支出之各項費用，於知有負賠償義務之人時，應向其求償。

對於第一項之干預措施，不得規避、妨礙或拒絕。

第 28 條

主管機關為達成本法管制目的，得就有關輻射防護事項要求設施經營者、雇主或輻射防護服務業者定期提出報告。

前項報告之項目、內容及提出期限，由主管機關定之。

第三章　放射性物質、可發生游離輻射設備或輻射作業之管理

第 29 條

除本法另有規定者外，放射性物質、可發生游離輻射設備或輻射作業，應依主管機關之指定申請許可或登記備查。

經指定應申請許可者，應向主管機關申請審查，經許可或發給許可證後，始得進行輻射作業。

經指定應申請登記備查者，應報請主管機關同意登記後，始得進行輻射作業。

置有高活度放射性物質或高能量可發生游離輻射設備之高強度輻射設施之運轉，應由合格之運轉人員負責操作。

第二項及第三項申請許可、登記備查之資格、條件、前項設施之種類與運轉人員資格、證書或執照之核發、有效期限、換發、補發、廢止及其他應遵行事項之辦法，由主管機關定之。

第二項及第三項之物質、設備或作業涉及醫用者,並應符合中央衛生法規之規定。

第 30 條

放射性物質之生產與其設施之建造及可發生游離輻射設備之製造,非經向主管機關申請審查,發給許可證,不得為之。

放射性物質生產設施之運轉,應由合格之運轉人員負責操作;其資格、證書或執照之核發、有效期限、換發、補發、廢止及其他應遵行事項之辦法,由主管機關定之。

第一項生產或製造,應於開始之日起十五日內,報請主管機關備查;其生產記錄或製造記錄與庫存及銷售記錄,應定期報送主管機關;主管機關得隨時派員檢查之。

第一項放射性物質之生產或可發生游離輻射設備之製造,屬於醫療用途者,並應符合中央衛生法規之規定。

第 31 條

操作放射性物質或可發生游離輻射設備之人員,應受主管機關指定之訓練,並領有輻射安全證書或執照。但領有輻射相關執業執照經主管機關認可者或基於教學需要在合格人員指導下從事操作訓練者,不在此限。

前項證書或執照,於操作一定活度以下之放射性物質或一定能量以下之可發生游離輻射設備者,得以訓練代之;其一定活度或一定能量之限值,由主管機關定之。

第一項人員之資格、訓練、證書或執照之核發、有效期限、換發、補發、廢止與前項訓練取代證書或執照之條件及其他應遵行事項之管理辦法,由主管機關會商有關機關定之。

第 32 條

依第二十九條第二項規定核發之許可證，其有效期間最長為五年。期
滿需繼續輻射作業者，應於屆滿前，依主管機關規定期限申請換發。

依第三十條第一項規定核發之許可證，其有效期間最長為十年。期滿
需繼續生產或製造者，應於屆滿前，依主管機關規定期限申請換發。

前二項許可證有效期間內，設施經營者應對放射性物質、可發生游離
輻射設備或其設施，每年至少偵測一次，提報主管機關偵測證明備
查，偵測項目由主管機關定之。

第 33 條

許可、許可證或登記備查之記載事項有變更者，設施經營者應自事實
發生之日起三十日內，向主管機關申請變更登記。

第 34 條

放射性物質、可發生游離輻射設備之使用或其生產製造設施之運轉，
其所需具備之安全條件與原核准內容不符者，設施經營者應向主管機
關申請核准停止使用或運轉，並依核准之方式封存或保管。

前項停止使用之放射性物質、可發生游離輻射設備或停止運轉之生產
製造設施，其再使用或再運轉，應先報請主管機關核准，始得為之。

第 35 條

放射性物質、可發生游離輻射設備之永久停止使用或其生產製造設施
之永久停止運轉，設施經營者應將其放射性物質或可發生游離輻射設
備列冊陳報主管機關，並退回原製造或銷售者、轉讓、以放射性廢棄
物處理或依主管機關規定之方式處理，其處理期間不得超過三個月。
但經主管機關核准者，得延長之。

前項之生產製造設施或第二十九條第四項之高強度輻射設施永久停止

運轉後六個月內，設施經營者應擬訂設施廢棄之清理計畫，報請主管機關核准後實施，應於永久停止運轉後三年內完成。

前項清理計畫實施期間，主管機關得隨時派員檢查；實施完畢後，設施經營者應報請主管機關檢查。

第 36 條

放射性物質、可發生游離輻射設備或其生產製造設施有下列情形之一者，視爲永久停止使用或運轉，應依前條之規定辦理：

一、未依第三十四條第一項規定，報請主管機關核准停止使用或運轉，持續達一年以上。

二、核准停止使用或運轉期間，經主管機關認定有污染環境、危害人體健康且無法改善或已不堪使用。

三、經主管機關廢止其許可證。

第 37 條

本章有關放射性物質之規定，於核子原料、核子燃料或放射性廢棄物不適用之。

第四章　罰則

第 38 條

有下列情形之一者，處三年以下有期徒刑、拘役或科或併科新臺幣三百萬元以下罰金：

一、違反第七條第二項規定，擅自或未依核准之輻射防護計畫進行輻射作業，致嚴重污染環境。

二、違反第九條第一項規定，擅自排放含放射性物質之廢氣或廢水，
　　致嚴重污染環境。

三、未依第二十九條第二項、第三項規定取得許可、許可證或經同意
　　登記，擅自進行輻射作業，致嚴重污染環境。

四、未依第三十條第一項規定取得許可證，擅自進行生產或製造，致
　　嚴重污染環境。

五、棄置放射性物質。

六、依本法規定有申報義務，明知為不實事項而申報或於業務上作成
　　之文書為不實記載。

前項第一款至第四款所定嚴重污染環境之標準，由主管機關會同有關
機關定之。

第 39 條

有下列情形之一者，處一年以下有期徒刑、拘役或科或併科新臺幣
一百萬元以下罰金：

一、不遵行主管機關依第十一條第一項或第十三條第二項規定所為之
　　停止作業命令。

二、未依第二十一條第一項規定，經主管機關許可，擅自於商品中添
　　加放射性物質，經令其停止添加或回收而不從。

三、違反第二十二條第二項或第二十三條第三項規定，未依主管機關
　　命令為一定之處理。

四、未依第三十五條第二項規定提出設施清理計畫或未依期限完成清
　　理，經主管機關通知限期提出計畫或完成清理，屆期仍未遵行。

第 40 條

法人之負責人、法人或自然人之代理人、受雇人或其他從業人員，因

執行業務犯第三十八條或前條之罪者，除處罰其行為人外，對該法人或自然人亦科以各該條之罰金。

第 41 條

有下列情形之一者，處新臺幣六十萬元以上三百萬元以下罰鍰，並令其限期改善；屆期未改善者，按次連續處罰，並得令其停止作業；必要時，廢止其許可、許可證或登記：

一、違反第七條第二項規定，擅自或未依核准之輻射防護計畫進行輻射作業。

二、違反第九條第一項規定，擅自排放含放射性物質之廢氣或廢水。

三、違反第十條第二項規定，擅自進行輻射作業。

四、違反第二十一條第一項規定，擅自於商品中添加放射性物質。

五、未依第二十九條第二項規定取得許可或許可證，擅自進行輻射作業。

六、未依第三十條第一項規定取得許可證，擅自進行生產、建造或製造。

七、違反第三十五條第二項規定，未於三年內完成清理。

第 42 條

有下列情形之一者，處新臺幣四十萬元以上二百萬元以下罰鍰，並令其限期改善；屆期未改善者，按次連續處罰，並得令其停止作業；必要時，廢止其許可、許可證或登記：

一、違反主管機關依第五條規定所定之游離輻射防護安全標準且情節重大。

二、違反主管機關依第六條規定所定之放射性物質安全運送規則且情節重大。

三、違反第八條、第十條第一項、第十三條第四項或第三十四條規定。

四、規避、妨礙或拒絕依第十一條第一項、第十三條第二項、第三十
條第三項或第三十五條第三項規定之檢查。

五、未依第十三條第一項規定通知主管機關。

六、未依第十三條第三項規定清理。

七、違反第十八條規定，未對協助者施以輻射防護。

八、商品中添加之放射性物質逾越主管機關依第二十一條第二項規定
核准之許可量。

九、規避、妨礙或拒絕主管機關依第二十二條第一項規定實施之商品
輻射檢查或偵測。

一○、違反第二十九條第四項或第三十條第二項規定，僱用無證書
（或執照）人員操作或無證書（或執照）人員擅自操作。

一一、未依第三十五條第二項規定提出清理計畫。

第 43 條

有下列情形之一者，處新臺幣十萬元以上五十萬元以下罰鍰，並令其
限期改善；屆期未改善者，按次連續處罰，並得令其停止作業：

一、違反第七條第一項、第十四條第一項、第二項、第三項、第十七
條第一項或第二項規定。

二、未依第十三條第三項規定實施調查、分析。

三、未依第十五條第一項規定實施人員劑量監測。

四、未依第二十九條第三項規定經同意登記，擅自進行輻射作業。

五、違反第三十一條第一項規定，僱用無證書（或執照）人員操作或
無證書（或執照）人員擅自操作。

六、未依第三十五條第一項規定處理放射性物質或可發生游離輻射設

備。

第 44 條

有下列情形之一者，處新臺幣五萬元以上二十五萬元以下罰鍰，並令其限期改善；屆期未改善者，按次連續處罰，並得令其停止作業：

一、違反主管機關依第五條規定所定之游離輻射防護安全標準。

二、違反主管機關依第六條規定所定之放射性物質安全運送規則。

三、未依第十四條第四項規定實施教育訓練。

四、違反主管機關依第十五條第三項規定所定之認可及管理辦法。

五、違反第十六條第二項、第三項或第二十七條第四項規定。

六、違反第二十三條第一項或第二十四條第一項規定，未依主管機關或主管建築機關要求實施輻射檢查、偵測或出具無放射性污染證明。

七、違反第二十五條第三項開立辦法者。

八、違反第二十六條第一項規定或主管機關依同條第二項規定所定之管理辦法規定。

九、依本法規定有記錄、保存、申報或報告義務，未依規定辦理。

第 45 條

有下列情形之一者，處新臺幣四萬元以上二十萬元以下罰鍰，並令其限期改善；屆期未改善者，按次連續處罰，並得令其停止作業：

一、依第十五條第四項或第十八條規定有告知義務，未依規定告知。

二、違反第十六條第一項、第四項或第三十三條規定。

三、規避、妨礙或拒絕主管機關依第二十條第一項規定實施之檢查、偵測或要求提供有關資料。

四、違反第三十一條第一項規定，僱用未經訓練之人員操作或未經訓

練而擅自操作。

第 46 條

輻射工作人員有下列情形之一者，處新臺幣二萬元以下罰鍰：

一、違反第十四條第五項規定，拒不接受教育訓練。

二、違反第十六條第七項規定，拒不接受檢查或特別醫務監護。

第 47 條

依本法通知限期改善或申報者，其改善或申報期間，除主管機關另有規定者外，為三十日。但有正當理由，經主管機關同意延長者，不在此限。

第 48 條

依本法所處之罰鍰，經主管機關限期繳納，屆期未繳納者，依法移送強制執行。

第 49 條

經依本法規定廢止許可證或登記者，自廢止之日起，一年內不得申請同類許可證或登記備查。

第 50 條

依本法處以罰鍰之案件，並得沒入放射性物質、可發生游離輻射設備、商品或建築材料。

違反本法經沒收或沒入之物，由主管機關處理或監管者，所需費用，由受處罰人或物之所有人負擔。

前項費用，經主管機關限期繳納，屆期未繳納者，依法移送強制執行。

第五章　附則

第 51 條

本法規定由主管機關辦理之各項認可、訓練、檢查、偵測或監測，主管機關得委託有關機關（構）、學校或團體辦理。

前項認可、訓練、檢查、偵測或監測之項目及其實施辦法，由主管機關會商有關機關定之。

第 52 條

主管機關依本法規定實施管制、核發證書、執照及受理各項申請，得分別收取審查費、檢查費、證書費及執照費；其費額，由主管機關定之。

第 53 條

輻射源所產生之輻射無安全顧慮者，免依本法規定管制。

前項豁免管制標準，由主管機關定之。

第 54 條

軍事機關之放射性物質、可發生游離輻射設備及其輻射作業之輻射防護及管制，應依本法由主管機關會同國防部另以辦法定之。

第 55 條

本法施行前已設置之放射性物質、可發生游離輻射設備之生產、製造與其設施、輻射工作場所、已許可之輻射作業及已核發之人員執照、證明書，不符合本法規定者，應自本法施行之日起二年內完成改善、辦理補正或換發。但經主管機關同意者得延長之，延長以一年為限。

第 56 條

本法施行細則，由主管機關定之。

第 57 條

本法施行日期，由行政院定之。

附錄4　輻射工作場所管理與場所外環境輻射監測準則

中華民國九十一年十二月二十五日行政院原子能委員會會輻字第
0910025073 號令訂定發布全文 28 條

中華民國九十二年十二月三十一日行政院原子能委員會會輻字第
0920035603 號令修正發布第 20、28 條條文；並自發布日施行

中華民國九十三年十月二十日行政院原子能委員會會輻字第
0930036750 號令修正發布第 6 條條文

第 1 條

本準則依游離輻射防護法第十條第四項規定訂定之。

第 2 條

本準則用詞定義如下：

一、核子反應器設施：指裝填有核子燃料，而能發生可控制原子核分
　　裂自續連鎖反應之裝置與其相關附屬廠房及設備。

二、放射性廢棄物獨立貯存設施：指非位於放射性廢棄物產生場所同
　　一廠界內而獨立設置之貯存設施。

第 3 條

設施經營者應依本準則於其輻射防護計畫內擬訂輻射工作場所之劃
分、管制及輻射監測，報請主管機關核准後實施。

第 4 條

設施經營者對於輻射工作場所內，為規範輻射作業、管制人員和物品
進出，及防止放射性污染擴散之地區，應劃定為管制區。

管制區外，輻射狀況需經常處於監督下之地區，應將其劃定為監測區。

第5條

管制區應設置實體圍籬，並於進出口處及區內適當位置，設立明顯之輻射示警標誌及警語。但實務上不能或不須設置實體圍籬的場所，得以其他適當方式劃定。

監測區邊界之劃定得以適當方法為之。但應於人員得進出處所之適當位置設立標示牌。

第6條

設施經營者對進入管制區之輻射工作人員，應先審查其輻射防護安全訓練記錄、輻射劑量記錄、體格檢查及健康檢查記錄，提供其適當之人員劑量計、輻射防護裝具及資訊，並使其正確使用。

前項有關記錄審查之規定，於主管機關指派之檢查人員，不適用之。

第7條

設施經營者對進入管制區之一般人員，應提供適當之人員劑量計、輻射防護裝具及資訊，使其正確使用，並派員引導。

第8條

管制區有放射性污染之虞時，設施經營者應採取下列措施，以防止放射性污染：

一、禁止將飲料、食物、香煙、化粧品、檳榔、口香糖及其它非工作必要物品攜入管制區。

二、攜出管制區之物品應實施放射性污染偵測。

三、人員離開管制區應實施放射性污染偵測，若發現污染，應予適當除污。

第 9 條

設施經營者應視其輻射作業性質及曝露程度，訂定管制區之輻射監測措施。

前項輻射監測應包括測定曝露程度、評定放射性污染、鑑定輻射及核種。

第 10 條

設施經營者應定期檢討管制區內各種狀況，並於必要時調整輻射防護措施、安全規定及管制區圍籬。

第 11 條

設施經營者應視其使用輻射源類別、作業性質、管制區輻射防護計畫及執行情況，於監測區選適當地點及監測頻次，實施定期或連續性輻射及放射性污染監測。

第 12 條

設施經營者應定期檢討監測區內各種狀況，並於必要時採取適當輻射防護措施、安全規定及調整監測區之邊界。

第 13 條

設施經營者應置備適當之輻射偵測及監測儀器並定期校驗。

第 14 條

設施經營者應確保盛裝放射性物質之容器表面，保有明顯耐久之輻射示警標誌，並註明有關核種名稱、活度及必要之說明。

設施經營者對輻射源應嚴格管制，以防止失竊及不當之使用。

第 15 條

輻射工作場所之劃定與管制，除應考量工作人員個人之劑量外，亦應合理抑低集體劑量。

對輻射工作場所內規劃之各項偵測及監測，設施經營者應訂定記錄基準、調查基準及干預基準。

其偵測及監測之結果超過記錄基準者，應予記錄並保存之；其結果超過調查基準者，應調查其原因；其結果超過干預基準者，應立即採取必要之應變措施。

第 16 條

管制區應訂定意外事故處理程序，且將其重點、聯絡人、聯絡電話揭示於該管制區明顯易見之處。工作人員於意外事故期間，應儘速採取適當應變措施，並報告設施經營者。

第 17 條

下列輻射工作場所，設施經營者應於場所外實施環境輻射監測：

一、核子反應器設施。

二、放射性廢棄物最終處置設施。

三、放射性廢棄物獨立貯存設施。

四、其他經主管機關指定之設施。

第 18 條

設施經營者對輻射工作場所外實施環境輻射監測之範圍，應參酌下列因子評估：

一、氣象資料。

二、釋放核種類別、強度與氣、液體擴散模式。

三、人口分布與居住狀況。

四、土地利用。

五、排放口位置。

六、海流狀況。

七、其他經主管機關指定之因子。

第 19 條

設施經營者實施環境輻射監測應依下列規定，先檢具環境輻射監測計畫，報請主管機關核准後實施：

一、運轉前三年，設施經營者應提報環境輻射監測計畫，並進行至少二年以上環境輻射背景調查。

二、運轉期間，應於每年十一月一日前提報下年度之環境輻射監測計畫。

前項環境輻射監測計畫應載明下列事項：

一、監測項目，包括連續性環境直接輻射監測、累積劑量之環境直接輻射監測及運轉時放射性物質可能擴散途徑之環境試樣，且敘明試樣種類、取樣頻次、取樣地點 (應以地圖標示)、取樣方法試樣保存、分析方法、偵檢靈敏度及相關參考文件。

二、監測結果評估方法，包括飲水，食物攝食量等劑量評估參數與劑量評估方法。

三、品質保證及品質管制執行方法說明。

四、環境試樣放射性分析之預警措施。

五、其他經主管機關指定之事項。

第 20 條

前條第二項環境試樣放射性分析之預警措施，應敘明環境試樣記錄基準、環境試樣調查基準。

設施經營者執行環境輻射監測，發現監測值超過預警措施之調查基準時，應立即進行單位內部查證，並於三十日內以書面報告送主管機關備查。

第 21 條

設施經營者應於每季結束後二個月內,提報環境輻射監測季報;每年結束後三個月內,提報環境輻射監測年報。

前項環境輻射監測報告應載明下列事項:

一、摘要。

二、監測目的、項目、方法及樣站地點(應以地圖標示)。

三、監測結果及檢討分析。

四、民眾劑量。

五、品質保證及品質管制之執行情形。

六、預警制度之執行情形。

七、其他經主管機關指定之事項。

第 22 條

環境輻射監測作業執行單位,應通過主管機關指定機構之認證;指定機構及認證項目由主管機關公告之。

第 23 條

環境輻射監測試樣分析能力應符合可接受最小可測量。

前項可接受最小可測量由主管機關公告之。

第 24 條

環境輻射監測作業中之監測分析數據及環境輻射監測報告應依下列規定:

一、環境輻射監測分析數據,除放射性廢棄物處置場外,應保存三年。當環境試樣放射性分析數據大於預警措施之調查基準時,該分析數據應保存十年。

二、放射性廢棄物處置場之環境輻射監測分析數據,應完整保存至監

　管期結束爲止。

三、環境輻射監測季報應保存三年，環境輻射監測年報應保存十年。

第 25 條

環境輻射監測作業中之品質保證作業，得依環境輻射監測品質保證規範或國際標準化組織中品質保證之規定執行。

環境輻射監測品質保證規範由主管機關公告之。

第 26 條

設施經營者應就人口分布、土地利用、設施當地居民生活、攝食量及飲食習慣等評估民眾劑量所需之重要參數定期調查，且至少每五年提報設施廠址環境民眾劑量評估參數調查報告。

前項劑量評估參數得採用國內相關機關（構）公布之資料。

第 27 條

設施經營者應參考主管機關訂定之環境輻射監測規範，擬訂環境輻射監測計畫。

前項環境輻射監測規範由主管機關公告之。

第 28 條

本準則自本法施行之日施行。

本準則修正條文自發布日施行。

附錄5 游離輻射防護安全標準

公發布日 2005.12.30

第一條

本標準依游離輻射防護法第五條規定訂定之。

第二條

本標準用詞定義如下：

一、核種：指原子之種類，由核內之中子數、質子數及核之能態區分
之。

二、體外曝露：指游離輻射由體外照射於身體之曝露。

三、體內曝露：指由侵入體內之放射性物質所產生之曝露。

四、活度：指一定量之放射性核種在某一時間內發生之自發衰變數
目，其單位為貝克，每秒自發衰變一次為一貝克。

五、劑量：指物質吸收之輻射能量或其當量。

（一）吸收劑量：指單位質量物質吸收輻射之平均能量，其單位
為戈雷，一千克質量物質吸收一焦耳能量為一戈雷。

（二）等效劑量：指人體組織或器官之吸收劑量與射質因數之乘
積，其單位為西弗，射質因數依附表一之一（一）規定。

（三）個人等效劑量：指人體表面定點下適當深度處軟組織體外
曝露之等效劑量。對於強穿輻射，為十毫米深度處軟組織；
對於弱穿輻射，為○‧○七毫米深度處軟組織；眼球水
晶體之曝露，為三毫米深度處軟組織，其單位為西弗。

（四）器官劑量：指單位質量之組織或器官吸收輻射之平均能量，

其單位為戈雷。

（五）等價劑量：指器官劑量與對應輻射加權因數乘積之和，其單位為西弗，輻 射加權因數依附表一之一（二）規定。

（六）約定等價劑量：指組織或器官攝入放射性核種後，經過一段時間所累積之等價劑量，其單位為西弗。一段時間為自放射性核種攝入之日起算，對十七歲以上者以五十年計算；對未滿十七歲者計算至七十歲。（七）有效劑量：指人體中受曝露之各組織或器官之等價劑量與各該組織或器官之組織加權因數乘積之和，其單位為西弗，組織加權因數依附表一之二規定。

（八）約定有效劑量：指各組織或器官之約定等價劑量與組織加權因數乘積之和，其單位為西弗。

（九）集體有效劑量：指特定群體曝露於某輻射源，所受有效劑量之總和，亦即為該特定輻射源曝露之人數與該受曝露群組平均有效劑量之乘積，其單位為人西弗。

六、參考人：指用於輻射防護評估目的，由國際放射防護委員會提出，代表人體與生理學特性之總合。

七、年攝入限度：指參考人在一年內攝入某一放射性核種而導致五十毫西弗之約定有效劑量或任一組織或器官五百毫西弗之約定等價劑量兩者之較小值。

八、推定空氣濃度：為某一放射性核種之推定值，指該放射性核種在每一立方公尺空氣中之濃度。參考人在輕微體力之活動中，於一年中呼吸此濃度之空氣二千小時，將導致年攝入限度。

九、輻射之健康效應區分如下：

（一）確定效應：指導致組織或器官之功能損傷而造成之效應，其嚴重程度與劑量大小成比例增加，此種效應可能有劑量低限值。

（二）機率效應：指致癌效應及遺傳效應，其發生之機率與劑量大小成正比，而與嚴重程度無關，此種效應之發生無劑量低限值。

十、合理抑低：指盡一切合理之努力，以維持輻射曝露在實際上遠低於本標準之劑量限度。其原則爲：

（一）須符合原許可之活動。

（二）須考慮技術現狀、改善公共衛生及安全之經濟效益以及社會與社會經濟因素。

（三）須爲公共之利益而利用輻射。

十一、關鍵群體：指公衆中具代表性之人群，其對已知輻射源及曝露途徑，曝露相當均勻，且此群體成員劑量爲最高者。

十二、人體組織等效球：指直徑爲三百毫米，密度爲每立方毫米一毫克之球體，其質量組成爲：

（一）氧：67.2%。

（二）碳：11.1%。

（三）氫：10.1%。

（四）氮：2.6%。

第三條

前條活度、吸收劑量、個人等效劑量、器官劑量、等價劑量、約定等價劑量、有效劑量、約定有效劑量及集體有效劑量之計算公式，依附表二之規定。

第四條

第二條第五款第七目有效劑量,得以度量或計算強穿輻射產生之個人等效劑量及攝入放射性核種產生之約定有效劑量之和表示。

前項強穿輻射產生之個人等效劑量或攝入放射性核種產生之約定有效劑量於一年內不超過二毫西弗時,體外曝露及體內曝露得不必相加計算。

第五條

輻射示警標誌如下圖所示,圖底為黃色,三葉形為紫紅色,圖內R為內圈半徑。輻射示警標誌以蝕刻、壓印等特殊方式製作時,其底色及三葉形符號之顏色得不受前項規定之限制。輻射示警標誌得視需要於標誌上或其附近醒目位置提供適當之示警內容。

第六條

輻射作業應防止確定效應之發生及抑低機率效應之發生率,且符合下列規定:

一、利益須超過其代價。

二、考慮經濟及社會因素後,一切曝露應合理抑低。

三、個人劑量不得超過本標準之規定值。

前項第三款個人劑量,指個人接受體外曝露及體內曝露所造成劑量之總和,不包括由背景輻射曝露及醫療曝露所產生之劑量。

第七條

輻射工作人員職業曝露之劑量限度,依下列規定:

一、每連續五年週期之有效劑量不得超過一百毫西弗,且任何單一年內之有效劑量不得超過五十毫西弗。

二、眼球水晶體之等價劑量於一年內不得超過一百五十毫西弗。

三、皮膚或四肢之等價劑量於一年內不得超過五百毫西弗。

前項第一款五年週期，自民國九十二年一月一日起算。

第八條

雇主應依附表三之規定或其他經主管機關核可之方法，確認輻射工作人員所接受之劑量符合前條規定。供管制輻射工作人員體內曝露參考用之推定空氣濃度，依附表四之一規定。

第九條

特別情形之輻射作業，經雇主及設施經營者評估採取合理抑低措施後，其對輻射工作人員之職業曝露如無法符合第七條第一項第一款規定者，應於輻射作業前檢具下列資料向主管機關申請許可，於許可之條件內不受第七條第一項第一款規定每連續五年週期之有效劑量不得超過一百毫西弗之限制：

一、輻射作業內容、場所、期間及輻射工作人員名冊。

二、可能之最大個人有效劑量、集體有效劑量及其評估模式。

三、合理抑低措施。

四、載有同意接受劑量數值之輻射工作人員同意書。

五、輻射防護計畫。

前項輻射作業並應符合下列規定：

一、雇主及設施經營者應事先將可能遭遇之風險及作業中應採取之預防措施告知參與作業之輻射工作人員。

二、非有正當理由且經輻射工作人員同意，雇主不得以超過第七條第一項第一款規定之職業曝露限度為由，排除其參與日常工作或調整其職務。

三、所接受之劑量，應載入個人之劑量記錄，並應與職業曝露之劑量

分別記錄。

第十條

十六歲以上未滿十八歲者接受輻射作業教學或工作訓練，其個人年劑量限度依下列規定：

一、有效劑量不得超過六毫西弗。

二、眼球水晶體之等價劑量不得超過五十毫西弗。

三、皮膚或四肢之等價劑量不得超過一百五十毫西弗。

第十一條

雇主於接獲女性輻射工作人員告知懷孕後，應即檢討其工作條件，使其胚胎或胎兒接受與一般人相同之輻射防護。

前項女性輻射工作人員，其臍餘妊娠期間下腹部表面之等價劑量，不得超過二毫西弗，且攝入體內放射性核種造成之約定有效劑量不得超過一毫西弗。

第十二條

輻射作業造成一般人之年劑量限度，依下列規定：

一、有效劑量不得超過一毫西弗。

二、眼球水晶體之等價劑量不得超過十五毫西弗。

三、皮膚之等價劑量不得超過五十毫西弗。

第十三條

設施經營者於規劃、設計及進行輻射作業時，對一般人造成之劑量，應符合前條之規定。

設施經營者得以下列兩款之一方式證明其輻射作業符合前條之規定：

一、依附表三或模式計算關鍵群體中個人所接受之劑量，確認一般人所接受之劑量符合前條劑量限度。

二、輻射工作場所排放含放射性物質之廢氣或廢水，造成邊界之空氣
　　中及水中之放射性核種年平均濃度不超過附表四之二規定，且對
　　輻射工作場所外地區中一般人體外曝露造成之劑量，於一小時內
　　不超過○‧○二毫西弗，一年內不超過○‧五毫西弗。

第十四條

含放射性物質之廢水排入污水下水道，應符合下列規定：

一、放射性物質須爲可溶於水中者。

二、每月排入污水下水道之放射性物質總活度與排入污水下水道排水
　　量所得之比值，不得超過附表四之二規定。

三、每年排入污水下水道之氚之總活度不得超過 1.85E+11 貝克，碳
　　十四之總活度不得超過 3.7E+10 貝克，其他放射性物質之活度總
　　和不得超過 3.7E+10 貝克。

第十五條

設施經營者於特殊情況下，得於事前檢具下列資料，經主管機關許可
後，不適用第十二條第一款規定。但一般人之年有效劑量不得超過五
毫西弗，且五年內之平均年有效劑量不得超過一毫西弗：

一、作業需求、時程及劑量評估。

二、對一般人劑量之管制及合理抑低措施。

第十六條

主管機關爲合理抑低集體有效劑量，得再限制輻射工作場所外地區之
輻射劑量或輻射工作場所之放射性物質排放量。

第十七條

緊急曝露，應於符合下列情況之一時，始得爲之：

一、搶救生命或防止嚴重危害。

二、減少大量集體有效劑量。

三、防止發生災難。

設施經營者對於接受緊急曝露之人員，應事先告知及訓練。

第十八條

設施經營者應盡合理之努力，使接受緊急曝露人員之劑量符合下列規定：

一、為搶救生命，劑量儘可能不超過第七條第一項第一款單一年劑量限度之十倍。

二、除前款情況外，劑量儘可能不超過第七條第一項第一款單一年劑量限度之二倍。

接受緊急曝露之人員，除實際參與前條第一項規定之緊急曝露情況外，其所受之劑量，不得超過第七條之規定。

緊急曝露所接受之劑量，應載入個人之劑量記錄，並應與職業曝露之劑量分別記錄。

第十九條

液態閃爍計數器之閃爍液每公克所含氚或碳十四之活度少於 1.85E+10 貝克者，其排放不適用本標準之規定。

第二十條

動物組織或屍體每公克含氚或碳十四之活度少於 1.85E+10 貝克者，其廢棄不適用本標準之規定。

第二十一條

本標準除第二條至第七條第一項、第八條至第十八條修正條文，自中華民國九十七年一月一日施行者外，自發布日施行。

附錄6　因應員之角色 ──認知級、操作級、技術員級

　　本書中，屢次提到初步因應員（first responder，或謂第一線因應員）這個名詞，國內目前尚無法規上的定義。本附錄提供 NFPA472 與 OHSA 的定義供參考。基本上，初步因應員所採取的控制技術是屬於防禦性的（defensive）。NFPA472 是美國消防協會所出版的化災因應員最低適任標準的規範，認知級與操作級之因應員都是初步因應員。

　　OSHA 認為緊急因應組織成員如符合 NFPA472 標準，一般亦符合其法規 HZWOPER 之要求（29CFR 1910.120）。HZWOPER是涉及危害物質緊急因應之主要聯邦法規，全名為「HaZardous Waste OPerations and Emergency Response」（29CFR 1910.120）之縮寫。

1. 認知級初步因應員

聯邦法規（OSHA）	NFPA472
定義：認知級因應員是指那些有可能見證（witness）或發現（discover）某一危害物質（hazardous substance）之釋放（release）的人，並且曾受訓練知道如何去通知適當之主管機關，以啓動一系列之緊急因應。	定義：認知級因應員係指這些在其日常職責（duties）過程，可能是第一個涉及危害物料（hazardous materials）緊急之現場者。他被預期去： • 辨識（recognize）危害物料之存在。 • 保護自己。 • 請求受過訓練的員工來支援。 • 警戒（secure）意外區。

控制技術性質：防禦性（defensive）	控制技術性質：防禦性（defensive）
適任性： 認知級初步因應員將受充分訓練或已有充份訓練，能客觀地示範出下列領域之適任性： • 了解什麼是危害物質；及在意外場合，其所涉及之風險。 • 了解危害物質所引發之緊急事故所涉及之潛在後果。 • 有能力去辨識緊急事故中危害物質之存在。 • 如果可能，有能力去鑑別危害物質。 • 了解認知級初步因應員於雇主的緊急因應計畫中，所扮演之角色，包括現場警戒與控制和緊急因應指南（ERG）。 有能力去了解額外資源之需求，並向溝通中心，作出適當之通報。	適任性： 認知級因應員將能執行下列任務： (1)分析（analyze）事故以判斷危害物質的存在和其基本危害（hazard），以及每一種危害物質之因應資訊；為達此目的，應完成下列任務： • 偵檢（detect）危害物質的存在。 • 從一個安全位置去調查危害物質意外，來鑑明（identify）其名稱、UN/NA No.、ID No. 或所涉及物質之告示牌（placard）型式。 • 使用最新版的北美緊急因應指南（Emergency Response Guidebook，ERG）去蒐集資訊。 (2)落實行動；這些行動要與當地緊急因應計畫、組織（機構）的 SOP（Standard Operation Procedure）和最新版的緊急因應指南（ERG）所提供資料有其一致性；為達此目的，要完成下列任務： • 啓動保護行動（initiate protective action） • 啓動通報程序（initiate the notification process）
訓練時數：無最低之要求。	訓練時數：無最低之要求。

2. 操作級初步因應員

聯邦法規（OSHA）	NFPA472
定義：操作級初步因應員係指這些參與危害物質釋放或潛在釋放之因應，以作為現場因應之一部份人員，其目的是保護鄰近人員、財產或環境，以免於釋放之影響。	定義：操作級因應員係指這些參與危害物質釋放或潛在釋放之因應，以作為現場因應之一部份人員，其目的是保護鄰近人員、財產或環境，以免於釋放之影響。
控制技術性質：屬防禦性，不實際試圖去阻止釋放；而是從一安全距離去圍堵危害物料之釋放，去避免其擴散，去預防曝露；但針對汽油、柴油、天然氣與LPG等易燃性液體和氣體火災，可採用攻擊性控制技術。	控制技術性質：從一個安全距離，以防禦性的方式去因應，以控制危害物料之釋放，並避免其擴散。
適任性： • 具對基本危害與風險評估技術之知識。 • 可取得個人防護衣和防護具，知道如何去選用。 • 了解危害物料之專業用語（term）。 • 在既有的資料與個人防護具下，知道如何去執行基本的控制（control）、截流（containment）／限制（confinement）作業。	適任性： 操作級初步因應員除了應具有認知級之適任能力外，將有能力執行下列任務： (1)分析（analyze）危害物質意外，以判斷問題之大小（規模）。這種判斷要藉由完成下列任務之結果為之： 　(a)調查（survey）危害物質意外：以鑑明（identify）所涉及之容器和物質，判斷（determine）危害物質是否已釋放

231

- 知道如何落實除污步驟。
- 了解相關的 SOP 和終止步驟。

並評估（evaluate）週遭情況。

(b)從下列單位蒐集危害與因應資訊：

MSDSCHEMTREC/CA-NUTEC/SETIQ；地方、州政府單位、聯邦機構與運貨者／製造廠商。

- 指出（identify）下列事項：
  -CHEMTREC/CANUTEC/SETIQ和地方、州政府、聯邦主管單位、運貨者／製造廠商所提供之協助的種類。

- 向下列單位通知：
  CHEMTREC/CANUTEC/SETIQ和地方州政府和聯邦政府主管單位。

- 提供下列單位資訊：
  CHEMTREC/CANUTEC/SETIQ和地方州政府及聯邦政府主管單位。

(c)預測危害物質及其容器之可能行為。

(d)估計危害物質意外之潛在傷害。

(2)規劃起始因應（initial response）：依可用人力、個人防護具與控制工具規劃起始因應。其方法是藉由下列任務之完成：

(a)敘述因應目的（objective）。

(b)就某一因應目的，說明可用之防禦性方法。

(c)決定所提供之個人防護具是否足以落實每一項防禦性方法。

	(d)鑑明緊急除汙步驟。
	(3)落實所規劃的因應，並能與當地的緊急因應計畫與機構/單位的SOP有一致性；完成下列任務：
	(a)建立並加強現場控制步驟，包括控制帶、緊急除污與溝通。
	(b)啟動IMS。
	(c)依行動計畫去執行防禦性控制方法。
	(4)評估因應行動之進展，以確認符合因應目的（objective）；完成下列任務：
	(a)評估防禦性行動之狀況（status）。
	(b)溝通/通報所規劃之狀況。
訓練時數：至少8個小時或已有充分的經驗能客觀地示範出上述適任性和認知級初步因應員之技巧與知識。	訓練時數：未規範訓練時數。

3. 技術級因應員

聯邦法規（OSHA）	NFPA472
定義：因應危害物質之釋放或潛在釋放，以阻止其釋放（release）	定義：危害物技術級因應員除了必須同時具備符合認知級與操作級因應員等二種層次的能力要求外，他還需能夠以攻擊性的控制技術去因應危害物的外洩或防止潛在可能的外洩產生。

<table>
<tr>
<td>控制技術性質：扮演攻擊性的角色，因此往往需靠近釋放點以栓塞、補貼漏洞或阻止危害物之釋放。</td>
<td>控制技術性質：執行攻擊性任務。</td>
</tr>
<tr>
<td>

適任性：
(1)落實地方緊急應變計畫。
(2)藉由現場調查儀器和工具（連續式儀器），去分類、鑑明和確認已知或未知物質。
(3)依 IMS 所指定之角色，進行工作。
(4)選擇和使用特殊化學個人防護衣和工具。
(5)了解危害（hazard）和風險（risk）評估技術。
(6)了解並落實除污步驟。
(7)了解基本的化學和毒物學的專有名詞和行為。
(8)就技術員可取得之資源和工具，執行高層次之控制、圍堵／限制作業。

</td>
<td>

適任性：
技術級因應員除了要具備認知級與操作級之能力外，還需有能力執行下列任務：
(1)分析（analyze）危害物質意外，以判斷問題的大小。這種判斷要藉由下列任務之執行結果為之：
(a)調查危害物質意外，去鑑明（identify）所涉及之特殊容器和分類未知物質，並藉由監測工具來證實危害物質之存在與其濃度。
(b)從出版的資料、技術資源、電腦資料庫和監測工具，去蒐集和解釋危害（hazard）及因應（response）的資訊。
(c)判斷容器受損程度。
(d)意外若涉及到兩種（或以上）的物質，預測釋放物質和其容器之可能行為。
(e)藉由電腦模擬、監測工具或該領域之專家，去估計危險區之規模。
(2)在既有的人力、個人防護具和控制工具之下，來規劃因應：完成下列任務：

</td>
</tr>
</table>

	(a)鑑明（identify）因應目的。 (b)藉由因應目的，鑑明潛在之行動方案。 (d)選擇適當之除污步驟。 (e)研訂行動計畫。
訓練時練：至少 24 小時操作級的訓練。	訓練時數：未規範訓練時數。

4. 專家級（Specialist）因應員

依美國聯邦法規（OSHA），專家級（Specialist）因應員為「……因應且對技術員提供支援……需要有更多各種物質的特殊知識……也作為聯邦、州、地方及其他政府機關之現場協調者……」《聯邦法規(29CFR 190.120(q)(6)(iv)》。依此定義，專家級的因應工作是防禦性或攻擊性行動，圍堵或控制。

附錄7　核生化複合災害呼吸 防護具認證簡介

（本文由本書作者發表於「工業安全衛生月刊，241期，2009，7」）

1. 前言

　　在職場衛生上，呼吸防護具是廣為人所周知的，就以消防人員之個人防護具（personal protection equipment，PPE）而言，早在 1994 年就有標準可供遵循；然而針對 CBRN 劑（chemical、biological、radiological and nuclear agents）恐怖行為之 PPE，在 2001 年 911 的世貿大樓恐怖攻擊（圖 1）與同年 10 月的炭疽病桿菌（anthrax）攻擊等事件前，並無政府 PPE 標準可供緊急因應人員參考選用。因此引發了我們的思考，到底站在第一線的警察與特種因應人員需要什麼樣的 PPE？一直到 2001 年 12 月 NIOSH（National Institute of Occupational Safety and Health）才公布第一套之 CBRN 自給式呼吸防護具（SCBA）標準，翌年 1 月 22 日 NIOSH 開始接受 SCBA 之認證申請，以為 SCBA 之選用依據；其公布之主要動力，可以說來自 2001 年世貿大樓與炭疽病桿菌攻擊之恐怖行為。

　　其實早在 1999 年 3 月，一些工業界代表和政府人員已於 Morgantown 市（West Virginia）的 NIOSH（US National Institute of Occupational Safety and Health）辦公室，進行一項有關呼吸防護具的論壇。論壇中，他們就恐怖份子可能使用毒性工業物質（toxic industrial material，TIM）和化學劑、生物劑及放射性劑作為非傳統性之攻擊武器的議題，討論如何來建立一套規範，作為第一線因

應人員呼吸防護具之測試與認證的依據。就在該次論壇之後,美國 NIOSH 與國家個人防護技術實驗室(National Personal Protection Technology Laboratory)決定訂定一套 CBRN 呼吸防護具標準;911 事件後,加速該工作之進行。

圖 1　911 遭恐怖攻擊的世貿大廈

2. 代表性測試戰劑與毒性工業物質

　　NIOSH 首先找出 151 種化學戰劑(chemical warfare agents,CWA)和毒性工業物質,作為呼吸防護具認證測試之對象;後來又把數量縮小到 139 種物質,並將這些 CWA/TIM 劑歸類為下列 7 組:

- 有機蒸氣組——61 種
- 酸性氣體組——32 種
- 鹼性氣體組——4 種
- 氫化物（hydride）——4 種
- 氧化氮組——5 種
- 甲醛組——1 種
- 微粒組——32 種（包括生物劑及放射性劑）

這些 CWA／TIM 包括 61 種有機化合物（含沙林（sarin，GB）和硫芥子劑（sulfur mustard, HD））、32 種酸性氣體、4 種鹼性氣體以及數種特殊情況化學物。有一組是屬微粒性物質，它涵蓋 13 種生物劑、16 種輻射性劑以及另外三種化學物：亞當士劑（adamsite，用途為軍用毒氣、木材處理）、疊氮化鈉（sodium azide）與氟乙酸鈉（sodium fluoroacetate）。13 種生物劑（微粒氣膠）是炭疽病桿菌劑（anthrax）、布魯氏桿菌病（brucellosis）、馬鼻疽病（glanders）、濾過病毒出血熱（VHF）、肺鼠疫（pneumonic plague）、兔熱病（tularemia）、Q 熱（Q-fever）、天花（smallpox）、真菌毒素（T-2 mycotoxins）、肉毒桿菌毒素（botulism）、蓖麻毒素（ricin）、SEB（staphylococcus enterotoxin B.）。16 種輻射性微粒是 Hydrogen–3（氫 3）、Carbon–14（碳 14）、Phosphorous–32（磷 32）、Cobalt–60（鈷 60）、Nickel–62（鎳 62）、Strontium–90（鍶 90）、Technetium–99m（鎝 99m）、Iodine–131（碘 131）、Cesium–137（銫 137）、Promethium–147（鉅 147）、Thallium–204（鉈 204）、Radium–226（鐳 226）、Thorium 232（釷 –232）、Uranium–235 & 238（鈾 235 與 238）、Plutonium–239（鈽 239）、Americium 241（鋂 –241）。

如果要對 139 種 CWA／TIM 逐一加予測試，將耗費大量的經費和時間，因此 NIOSH 又從每一組選出最困難的物質，將代表性測試化學劑數量進一步縮小到 10 種氣體和 1 種微粒：

- 有機蒸氣組——環己烷（cyclohexane）
- 酸性氣體組——二氧化硫（SO_2）、硫化氫（H_2S）、氯化氰（CNCl）、光氣（$COCl_2$）、氰化氫（HCN）
- 鹼性氣體組——氨（ammonia）
- 氫化物（hydride）組——磷化氫（phosphine）
- 氧化氮組——二氧化氮（nitrogen dioxide）
- 甲醛組——甲醛（formaldehyde）
- 微粒組—— DOP

NIOSH 認為只要呼吸防護具能對這些最困難物質提供防護，那就表示它也能同時對其他 CBRN 劑提供防護。

表 1 是 10 種代表性測試化學劑（氣體）。環己烷代表有機性蒸氣；一個濾毒盒（canister）如果通過環己烷蒸氣的測試，就表示它應能對其他的有機蒸氣，只要其蒸氣壓小於環己烷就能提供呼吸防護。氯化氰（CNCl）、氰化氫（HCN）、硫化氫（H_2S）、光氣（$COCl_2$）和二氧化硫（SO_2）代表 32 種酸性化學氣體；氨代表四種鹼性化學物。甲醛、光氣、磷和二氧化氮被認為是特殊情況化學物（special case chemicals）。硫芥子劑具強侵入特性，而沙林是穿透性很強的化學物，甚至在最小的孔隙都可以發現它的蹤跡，因此這二種化學戰劑被選用來代表其他化學戰劑。

3. 測試濃度與穿透濃度

NIOSH 界定 CBRN 濾毒盒／罐（canister/cartridge）測試條件：

溫度 25℃；流量 64 l/min（連續流）；相對濕度 25% 與 80%。每一種濕度應測試三個濾毒盒（canister）。欲使用時間（延時）如小於 60 分鐘，則測試間隔為 15 分鐘（15、30、45、60 分鐘）；依表 1 之測試濃度對濾毒盒／罐於事先選定的時間（延時）下，進行測試；延時分為 CAP1（15 分）、CAP2（30 分）、CAP3（45 分）與 CAP4（60 分）。防護具在測試時間內不得達到穿透點（breakthrough）。不同延時所用之測試濃度與穿透濃度標準是相同的；這個濃度標準，NIOSH 在其 CBRN 標準研擬過程曾作了數次的修訂，因此並無嚴格之邏輯。如延時大於 60 分，測試間隔為 30 分鐘（60、90、120 分鐘），以 60 分鐘為起點。

表 1　代表性化學物之測試濃度與穿透濃度（濾毒盒／罐）			
化學物	IDLH, ppm	濃度，ppm	
		測試（Test）**	穿透（Breakthrough）***
Ammonia（氨）	300	2,500（1,250）	12.5
Cyanogen chloride（氯化氰）	50	300（150）	2
Cyclohexane（環己烷）	1300	2,600（1,300）	10
Formaldehyde（甲醛）	20	500（250）	1
Hydrogen cyanide（氰化氫）	50	940（470）	4.7（HCN+C_2N_2）
Hydrogen sulfide（硫化氫）	100	1,000（500）	5

Nitrogen dioxide* （二氧化氮）	20	200（100）	1ppm NO$_2$ or 25ppm NO
Phosgene（光氣）	2	250（125）	1.25
Phosphine （磷，磷化氫）	50	300	0.3
Sulfur dioxide （二氧化硫）	100	1,500（750）	5

*NO$_2$ 穿透測試要同時量測 NO$_2$ 和 NO 濃度，以最先達到穿透濃度者作為該防護具之 NO$_2$ 穿透濃度。

**（ ）弧號內數值係指濾毒罐（cartridge）。

*** 穿透濃度（breakthrough conc.）：化學物經由滲透作用大量到達防護具內部表面，此時之內部表面濃度謂之穿透濃度，所發生的時間是所謂穿透時間（breakthrough time）。

　　CBRN 濾毒盒所使用之代表性測試劑有 10 種氣體和 1 種氣膠（微粒），其測試濃度為 IDLH 值數倍（2～3）（表 1）。

　　NIOSH 建議第一線緊急因應人員（first responder）在面臨 CBRN 事件，當吸入之危害類別與其濃度不明或預期濃度很高時，應使用其所認證的 SCBA 呼吸具；如果危害類別已知且濃度較低，可使用全面罩之 APR（full facepiece air purifying respirators）（NIOSH 認證者）。

4. CBRN 呼吸防護具標準

　　NIOSH 在「美國陸軍生化司令部」（US Army Soldier Biological and Chemical Command，SBCCOM）與「國立標準與技術研究所」（National Institute for Standards and Technology，NIST）的配合下，對呼吸防護具研訂 CBRN 標準和測試步驟，並進行認證：

- SCBA——於 2001 年 12 月 28 日公佈標準，並通知廠商於 2002 年 1 月 22 日開始接受認證申請。同年 5 月 31 日公佈第

一批通過認證之 SCBA，共三個型號（Interspiro USA Inc 製造）。

- APR（full facepiece）（全面罩空氣淨化式呼吸防護具）──標準頒佈於 2003 年 3 月 7 日；同年 3 月 24 日正式接受測試申請。

- 逃難專用之 APR（air purifying escape respirators，APER）──標準於 2003 年頒佈，2004 年 1 月接受申請測試。2005 年 10 月 24 日 NIOSH 批准第一件 APER 之認證（由 Mine Safety Appliances Co. 取得）；APER 之化學濾毒罐（cartridge）具有活性碳。

- 逃難專用之 SCBA──標準於 2003 年頒佈。

- PAPR（Powered Air Purifying Respirator，動力式 ARP）──PAPR 之 CBRN 標準公佈於 2006 年 10 月 6 日並於 30 天後開始接受測試申請。

逃難專用呼吸防護具的使用對象是一般辦公室員工，並非針對第一線因應人員，因此其使用期限較一般呼吸防護具為短，因此認證批准過程就有點不同。

NIOSH 的 CBRN 認證標準包括下列特殊測試要求：

- 使用時間長短之測試（Service Life Testing）──本項要求係針對 APR。NIOSH 針對濾毒盒／罐訂出六種不同使用時間：CAP1（15 分鐘）、CAP2（30 分鐘）、CAP3（45 分鐘）、CAP4（60 分鐘）、CAP5（75 分鐘）與 CAP6（90 分鐘）。

- 化學戰劑（CWA）之滲透／穿通測試。

- 實驗室呼吸防護等級（Laboratory Respiratory Protection Level，LRPL）測試。

目前市面上呼吸防護具通過 NIOSH 測試，可供因應員於

CBRN 複合災害之用的型號仍為少數，包括 Draeger（例如 AirBoss
Revolution Plus and AirBoss PSS 100 Plus SCBA，圖 2）、3M（圖 3）、
Safety Inc。NIOSH 規定 CBRN 濾毒盒／罐（圖 5）應於其上可見之
處，貼有認證標示（圖 4）。

Grasp the CBRN lung demand valve and in-
sert it into the opening in front of the facepiece
緊握 CBRN 肺部供氣閥並將其插入面罩前
方連結處

(Shown Right)
CBRN lung demand valve showing
exhaled air flow direction
CBRN 肺部供氣閥顯示呼氣方向

圖 2　通過 NIOSH 認證之 CBRN SCBA 例（AirBoss PSS100 型號）

圖 3　通過 NIOSH 認證之 CBRN 呼吸防護具例（3M）

圖 4　NIOSH 所規定之 CBRN 認證標示

圖 5　NIOSH 之 CBRN 認證標示範例──3M 之濾毒盒（FR15 型號）

互動作業能力性

911 事件的世貿大樓與五角大廈災難搶救過程，事後檢討兩大議題：待命狀態性（readiness）與互動作業能力性（interoperability）。待命狀態指因應工具可立即使用之標準化、防護具之訓練與適當配件、單位間工具之互容／互換性。發現不同廠商的防護具各有不同尺

245

寸和配件，因此彼此之間的空氣瓶與濾毒罐往往不能交換使用；如果救災所需的時間長，將造成顯著的困擾；CBRN 標準對此加予改進。

針對「互動作業性」的改善，CBRN 呼吸防護具標準作了下列規定：

- 面罩連結器與濾毒盒螺紋應為 40mm 或 EN148.1。
- 濾毒盒能座落於面罩中央或兩旁。墊片材料應為 EPDM（乙烯—丙烯橡膠），因其具良好滲透抵抗能力；如為其他材質，製造商應提供表現文件（滲透測試數據）以為佐證。
- 濾毒盒重量 ≦ 500 公克，寬度 ≦ 5 英吋，以利不同廠牌的濾毒盒交換使用，並確保視線。
- 不得具有專利之連結器（connector/adapter）或雙濾毒罐（twin cartridge）。

滲透與穿通測試

滲透（permeation）是指液態或氣態化學物與防護具表面接觸，進而以分子擴散方式穿入防護具之過程；而穿通性（penetration）係是指防護具接縫／針孔、小洞或其他破洞之化學物移動過程。滲透性可以說是防護具材質之適當與否的重要指標；至於穿透性與材質並無關，但有些材質抵抗外界機械穿孔磨擦或針孔的能力較大。

CWA 之滲透性與穿透性測試是上述五類 NIOSH 的 CBRN 呼吸防護具標準中的一項要求。硫芥子劑（屬膿劑）與沙林（屬神經劑）被選為代表性化學戰劑，分別用來測試材質滲透與穿透之抗抵性。硫芥子劑之測試使用其氣相與液相，而沙林只使用其氣相。SBCCOM 負責執行此項認證過程的測試。

LRPL 測試

LRPL 就是修訂式的密合係數（fit factor）。密合係數是用來表示面罩與臉部的密合情況；密合試驗是測定某化學物在面罩外之濃度，然後再與面罩內濃度比較之；此兩種濃度之比謂密合係數。

傳統上，APR 之全面罩密合係數的要求為 50，然而 CBRN 標準的要求，LRPL 值至少為 2,000；逃難專用 APR，不得小於 3,000；SCBA 之 LRPL 至少應為 500。

CBRN 空氣淨化式呼吸防護具使用條件

NIOSH 要求 CBRN APR 之使用濾毒盒，應符合下列要求：

- 吸入性污染物之類別與其濃度已被鑑明。
- 空氣中之氧含量需 ≧ 19.5%。
- 所用之 CBRN 濾毒盒能去除該項污染物。
- 污染物濃度應 < IDLH 及 APR 之最大使用濃度。
- 建有氣體／蒸汽濾毒盒之更換期程。

NIOSH 要求 CBRN 濾毒盒不得使用於一般性例常之工業防護，祇限使用於 CBRN 事故場合，平時應維持密封包裝狀態，不得拆封。

5. 結論

NIOSH 的認證是基於「可信的實務情境」（credible scenario）理念，針對 CW/TIM 物質找出 139 種並將歸類為七組，再由每組中選出代表性測試劑共 11 種（10 氣體和 1 種微粒），作為呼吸防護具之測試、認證之用。

經過 NIOSH 認證的呼吸防護具，表示恐怖行為之 CBRN 劑在 NIOSH 與 SBCCOM 認定的濃度下，不會滲透或穿透 PPE 和進入使用者之呼吸系統。傳統上，NIOSH 只針對工業用呼吸防護具訂定

規範；而軍方係針對軍隊需求訂定呼吸防護裝置規範。NIOSH 的 CBRN 認證標準連結這兩個領域，建立了呼吸防護具準則，可供軍方與非軍方因應人員於面臨 CBRN 事故時，選用呼吸防護具之依據。

有鑑於 2001 年世貿大樓之恐怖攻擊的教訓，NIOSH 的 CBRN 認證作業標準化了呼吸防護具尺寸，促進不同單位間的「作業互動性」，提高因應的即時性（in time）與有效性（effectiveness）。

CBRN 因應人員對這些防護具之 CBRN 標準應有所認知，或向 CBRN 專業人士（CBRN 第一線緊急因應員訓練（中級）（CBRN First Responder Training at the Intermediate Level）畢業者）質詢；CBRN 標準有助於 PPE 的採購決策，並在 PPE 的限制條件下去執行任務、服務民眾。

參考資料

1. Centers for Disease Control and Prevention (Dept. of Health and Human Services) & National Institute for Occupational Safety and Health, Attention Emergency Responders: Guidance on Emergency Responder Personal Protective Equipment (PPE) for Response to CBRN Terrorism Incidents, 2008.

2. OSHA/NIOSH Interim Guidance-Chemical-Biological-Radiological-Nuclear (CBRN) Personal Protective Equipment Selection Matrix for Emergency Responders, April 2005.

3. NIOSH, Estimating the Permeation Resistance of Nonporous Barrier Polymers to Sulfur Mustard (HD) and Sarin (GB) Chemical Warfare Agents Using Liquid Simulants, 2008.

4. NIOSH, Concept for CBRN Full Facepiece Air Purifying Respirator

Standard, 2002.

5. NIOSH, Statement of Standard For Chemical, Biological. Radiological and Nuclear (CBRN) Air-Purifying Escape Respirator 2003.

6. HIOSH, Statement of Standard For Chemical, Biological, Radiological, and Nuclear (CBRN) Self-Contained Escape Respirator, 2003.

7. Jackson, B.A. and Peterson D.J. et al, Protecting Emergency Responders: Lessons Learned from Terrorist Attacks, RAND, 2002.

8. CBRN Air Purifying Respiratory (Gas Mask/APR) Use Guidelines, Mike Bergman E&EG Technical Services Inc., 2005.

9. NIOSH, Statement of Standard for Chemical, Biological, Radiological and Nuclear (CBRN) Powered Air- Purifying Respirator (PAPR), Oct. 6, 2006.

參考資料

1. *2011 CBRN Responders Training Program*，Counter Terrorism Center，Defence Research and Development Canada《加拿大國防部所開發之「核生化因應人員訓練計畫」教材》，蔡嘉一譯，2009，2011。

2. Chris Hawley, Grey Noll & Mike Hilderbrand, *Special Operations for Terrorism and Hazmat Crimes*, Red Hat Publishing Co. Inc., 2002.

3. *Introduction to Radiation Detectors*, EQUIPCO (1-925-234-5678 internationally), (no date).

4. Paul R., Steinmeyer, *Ion Chambers-- Everything You've Wanted to Know*, RSO Magazine, Vol. 8, No. 5.

5. US EPA, *Manual of Protective Action Guides and Protective Actions for Nuclear Incidents*, 1992.

6. 蔡嘉一，**輻射曝露傷害認知**，中華環安衛科技協會會刊，第 33 期，July 2011。

7. 蔡嘉一、林石碇、徐瑞悅，**論核廠輻射災害疏散距離之劃定——兼論核事故應變法之修訂**，消防與防災，Dec 2011。

8. **游離輻射防護導論**（高醫輻射防護講習班），張寶樹編著，合記圖書，2011。

9. **游離輻射防護**，姚學華，五南書局。

10. **輻射偵測**，核能研究所保健物理組，行政院原子能委員會核能研究所，101 年 11 月。

11. **游離輻射防護簡介**，劉坤焙，中央大學輻射講習課程，2011。

12. **輻射偵測與實務操作**，行政院原子能委員會，2007。

13. **放射化學**，葉錫溶、蔡長書，新文京。

14. **游離輻射防護導論**（高醫輻射防護講習班），張寶樹編著，合記圖書，2011。

15. 【*XII*】*The General Properties of Radiation Detectors*, The United States Nuclear Regulatory Commission and Duke University, Present: Regulatory and Radiation Protection Issues in Radio nuclide Therapy, 2008.

16. *Hazardous Materials for First Responders*, 3rd edit., NFPA, 2004.

17. 蔡嘉一、王昱婷、鄭人豪，讓化學性恐怖行為無所遁形，消防與防災，Marc./April，2008。

18. 蔡嘉一、陳珊玟，工業安全與緊急應變概論，五南圖書，2014。

索 引

A

accuracy　正確性　91, 104, 136

activity　活度　1, 2, 8, 16, 18, 20, 61,
  118, 135

airborne contamination　空氣中污染
  110

ALARA (As Low As Reasonably
  Achievable)　合理抑低／合理可
  行的最低程度原則　60, 71

alarming dosimeter　警報劑量計
  126, 127

alcohol　醇　155

Am (americium)　鋂　118

anode　陽極　84, 100

atomic number　原子序數　12

B

barium　鋇　68

binding energy　束縛能量　96

biological effect　生物效應　25

bleach　漂白水　155

Bq (bacquerels)　貝克；Bq（貝克）
  ＝1衰變／秒　9, 10, 15, 16, 19,
  20, 44, 98, 108

BWR (Boiling Water Reactor)　沸水
式反應爐　51, 56

C

C–14　輻射性碳（C-14）　5, 14,
  42, 56

calibration　標定　90, 104

cancer therapy machine　癌治療機
  46

cataracts　白內障　18, 29, 39, 135

cathode　陰極　84, 88, 89, 100

CBRN　Chemical、Biological、
  Radiological、and Nuclear之簡稱
  69, 90, 138, 139, 140, 141, 142,
  143, 144, 147, 148, 161, 164, 168,
  170, 172, 173

CBRN-PPE　核生化個人防護具
  139

Cesium　銫　118, 136

CGI (Combustible Gas Indicator)　可
  燃性氣體指示器　105

chain reaction　連鎖反應　49

Chernoby　車諾比　27, 118

Ci (curies)　居里　9, 10, 16, 125

Co　鈷　7, 11, 15, 25, 30, 31, 32, 34,
  37, 46, 47, 55, 66, 67, 72, 87, 92,

93, 95, 103, 105, 108, 109, 111, 117, 118, 121, 122, 128, 131, 132, 136, 146, 147, 148, 151, 153, 161, 164, 175

Co–60　鈷-60　15, 25, 46, 47, 55, 66, 67, 111, 118, 122, 136

cold zone　冷區　130, 148

Congenital Effec　先天疾病效應 30, 32

contamination reduction　污染減少 138

contamination　污染　108, 109, 110, 121, 122, 131, 136, 137, 138, 139, 140, 141, 142, 146, 147, 149, 151, 154

controlled triage area　管制檢傷區 138

coveralls　衣褲相連之工作服　69

covering　覆蓋法　118

cross contamination　交錯污染　140, 142, 149

cross decon　交錯除污　157

cross survey technique　十字架量測 技術　106

D

dead time　無感時間　83, 86, 87, 96

decon corridor　除污通道　157

decon　除污　121, 130, 136, 138, 140

decontamination control　除污管制 146, 151

decontamination　除污／去污　121, 136, 138, 140

detection　偵檢　141

detector　偵檢器　81, 85, 93, 99, 105, 146

deterministic effect　確定效應　33

deterministic　確定性　30

Deuterium　氘　13

dirty bomb　髒彈　45, 80

display　顯示器　82

dose equivalent　等效劑量（劑量當 量）　10, 12, 20, 39

dose limit　劑量限值　17

dose rate　劑量率　27, 34, 63, 64, 82, 106, 121, 135

dose　劑量　8, 10, 12, 16, 17, 20, 27, 30, 34, 39, 63, 64, 82, 106, 121, 122, 129, 135

dosimeter　劑量計　90, 126, 127, 128

dosimeter　劑量計　90, 126, 127, 128

dosimetry　劑量儀　128

dps (number of disintegration per sec)

每秒衰變的數目 9, 16

Dynode 代納電極／二次發射極／
次陽極 88, 99, 100

E

early Effects 早期效應 28

Ebola 伊波拉病毒

electromagnetic waves 電磁波 2

electron volts (eV) 電子伏特 13,
14, 15, 20, 21, 40, 87, 95

emergency decon 緊急除污 157

emergency response plan 緊急因應
計畫 127

Emergency Washdown 緊急沖淋
158

end-point 限值／終點值 135, 150,
160

ethanol 乙醇 156

eV (electron volts) 電子伏特 13,
14, 15, 20, 21, 40, 87, 95

exclusion zone 隔離區 27

F

final decontamination 終除污 151

first responder 第一線應變人員
26, 37, 104, 108, 126, 127, 129,
133

first responder 第一線應變人員／初

步因應員 26, 37, 104, 108, 126,
127, 129, 133

fission 原子核分裂 49, 55

fixed contamination 固定式污染
109

G

gamma radiation（γ） 加馬輻射 3,
4, 6, 7, 8, 10, 13, 14, 15, 17, 19, 20,
25, 27, 38, 40, 42, 43, 45, 47, 53,
56, 61, 63, 66, 73, 80, 82, 83, 85,
86, 87, 89, 90, 91, 92, 93, 104, 105,
106, 107, 118, 120, 128, 129, 131,
136

gas filled chambers 充氣式腔（偵檢
器） 83

Geiger Muller Tube 蓋格牟勒計數
管（GM偵檢器） 85

glove 手套

GM Tube 蓋格牟勒計數管 85

Gy (Gray) 戈雷；1戈雷＝100雷得
（Rad） 10, 16, 39

H

half life 半衰期 13, 18, 135

hazard assessment 危害評估

hazard distance 危害距離

HE (Effective Dose Equivalent) 有效

等效劑量　17

helium nucleus　氦核　5

Hereditary Effect　遺傳效應　30

High Test Hypochlorite (HTH)　強力
次氯酸鈣　156

hot zone　熱區　121, 130, 138, 140

HVL (half-value layers)　半值層；將
劑量減少到其原來一半所需之屏
蔽物厚度。　66, 68, 118

I

ICRP　國際放射防護委員會　17,
31, 33, 37, 38, 40, 73, 75, 76

Incident Ionizing Radiation　入射之
游離輻射線　84

internal contamination　內部污染
122

Internal Radiation Hazards　內部輻射
危害　68

Inverse Square Law　反平方法則
61

ion Chamber/ionization Chamber　游
離腔　86

ion mobility spectra　離子活動光譜
157

ion mobility spectrometer　離子流動
光譜法（IMS）　111

ion pair　離子對　96

ionizing radiation　游離輻射　8, 18

ionizing　游離／離子化　3, 5, 8, 18,
24

Ir　銥　15, 46, 47, 53, 118, 120, 136

Ir–192 (Iridium–192)　銥-192　15,
46, 47, 53, 118, 120, 136

isolation line　隔離周界　158

Isolation System　隔離系統　70

isotopes　同位素　12, 13

L

lead pig　圓柱形鉛屏蔽　134

LEL　易燃下限　105

leukemia　白血病　3

linear accelerator　直線加速器　54

LNT (Linear No Threshold)　線性無
低限劑量值（線性無底限值）
35

long-term effects　長期效應　29

M

Mass Casualty Incident　大量傷患事
故　134

monitor　監測儀　126

mustard　芥子劑　155

mutation　突變　30, 39

N

neutron　中子　3, 12, 13

255

NFPA 美國消防協會 5, 6, 7, 114, 138, 164, 168, 172

Ni–60 鎳-60 7

nominal probability coefficients 標稱機率係數 31

non-ionizing radiation 非游離輻射 24

non-ionizing 非離子化 3, 24

NORM (Naturally Occurring Radioactive Material) 自然產生放射性物料 43, 93

nuclide 原子核 12, 68

P

P–10 P-10氣體，含10%甲烷及90%氬氣，其中甲烷主要作為焠熄劑。 87, 96, 100

pancake contamination meter 薄煎餅型輻射污染計 108, 122

paraffin 石蠟 66

photocathode 光陰極 88, 100

photoelectron 光電子 88

photomultiplier tube (PMT) 光電倍增管 88, 100

photon 光子 7, 87, 88

photon 光子 7, 87, 88

PID (photo-ionization detector) 光游離偵測器 105

plutonium 鈽 118

Pm–147 (promethium–147) -147 42, 54

Pm–147 鉕-147 42, 54

Po (polonium) 釙 6, 42, 49, 95, 117, 118, 118, 121, 131, 147, 151, 161, 175

portal monitor 門架式監測設施 126

PPE 個人防護具 61, 69, 92, 126, 127, 128, 129, 130, 131, 139, 141, 142, 144, 147, 150, 152, 153, 164

precision 精密度 104

pre-decon location 預除污站 153

Pre-Decon 預除污 149, 150, 158, 161

pre-decontamination 預除污 149

protection 防護 141

Pu–239 鈽-239 6

PWR (Pressurized Water Reactor) 壓水式反應爐 51, 56, 57

Q

quality factor 射質因數 16, 38

R

Ra (radium) 鐳 1, 3, 4, 5, 6, 7, 8, 10, 11, 14, 23, 25, 37, 41, 42, 43,

45, 46, 47, 59, 61, 68, 72, 79, 84,
89, 91, 92, 93, 94, 95, 103, 105,
106, 113, 117, 118, 122, 123, 126,
128, 137, 149, 153

rad　雷得；等於100 erg/g　2, 8, 10,
13, 18, 25, 28, 42, 43, 53, 62, 68,
76, 80, 81, 118, 125, 126, 150, 153,
157

radiation burns　輻射灼傷　28

radiation pager　輻射呼叫器　92

radiation　輻射　8, 18, 28, 76, 81,
126, 153

radioactive decay　放射性物料之衰
變　62

radioactivity　輻射性　2

radiography　放射攝影　47

radioisotopes　放射性同位素　13

radiological dispersal devices　放射性
擴散裝置　80

radionuclide　放射性核種　68

radon (Rn)　氡　4, 12, 43, 44, 56

RECCE (reconnaissance)　偵察／勘
察　117, 128, 129, 130

reconnaissance　偵察　128, 141

rem (Roentgen Equivalent in Man)
侖目　10

removal contamination　可移除性污
染　109

responder　因應員／應變人員　8,
25, 26, 37, 64, 71, 104, 108, 126,
127, 129, 131, 133, 139

response time　反應時間　104, 108,
126

roentgen (R)　倫琴　76

S

SCBA　自給式呼吸防護具

scintillation probe　閃爍針　83

security perimeter　警戒周界

semiconductor detector　半導體式偵
檢器　99

sensor/monitor　監測器　105

shield　屏蔽　133, 150, 160

SI unit　國際單位／國際系統單位
8, 9

sievert (Sv)　西弗；1西弗 = 100侖
目　9, 11, 12, 16, 18, 25, 26, 27,
28, 31, 32, 33, 34, 35, 36, 38, 39,
40, 43, 46, 47, 64, 65, 67, 68, 72,
74, 82, 91, 106, 107, 122, 129, 131,
135, 150, 160

silicon diode　碘化矽　90

sodium iodide (NaI)　碘化鈉　88, 89,
93, 94, 98, 99

somatic effect　軀體效應　18, 29, 31,
39, 139

specific activity 比活度 16

Sr–90 鍶-90 5, 122

START Model (Simple Triage and Rapid Treatment) START檢傷模式 122, 123, 124

stochastic 機率性 30

strontium 鍶 68

T

Tc 鎝 15, 48, 99

TDS TDS是Time（時間）、Distance（距離）與Shielding（屏障）之縮寫。 60, 63, 71, 77, 126

technical deco 技術除污（又謂正式除污） 158

Th–231 釷-231 5

Thallium (TI) 鉈 89, 99

threshold limit 劑量底限值 33

triage 檢傷／傷患篩選 25, 121, 123, 128, 130, 134, 136, 138

tritium 氚 5, 13

U

US EPA 美國環保署 3, 10, 11, 17, 43, 71, 72, 135

V

voltage pulse 電壓脈衝 83, 87

W

warm zone 暖區 121, 130

wash down 沖淋作業 149

WBD 全身劑量 26, 27

WT (Weighting Factor of Tissue) 組織加權因數 17, 19

X

Xe 氙 87

X-Ray X射線 4, 7

國家圖書館出版品預行編目資料

輻射安全／蔡嘉一編著. — 初版. — 臺北
市：五南，2014.11
　　　面；　　公分
ISBN 978-957-11-7856-1（平裝）

1. 輻射防護

449.8　　　　　　　　　　103019352

5T20

輻射安全

作　　者 ─ 蔡嘉一　編著

發 行 人 ─ 楊榮川

總 編 輯 ─ 王翠華

編　　輯 ─ 王者香

封面設計 ─ 簡愷立

出 版 者 ─ 五南圖書出版股份有限公司

地　　址：106台北市大安區和平東路二段339號4樓

電　　話：(02) 2705-5066　　傳　　真：(02) 2706-6100

網　　址：http://www.wunan.com.tw

電子郵件：wunan@wunan.com.tw

劃撥帳號：01068953

戶　　名：五南圖書出版股份有限公司

台中市駐區辦公室/台中市中區中山路6號

電　　話：(04) 2223-0891　　傳　　真：(04) 2223-3549

高雄市駐區辦公室/高雄市新興區中山一路290號

電　　話：(07) 2358-702　　傳　　真：(07) 2350-236

法律顧問　林勝安律師事務所　林勝安律師

出版日期　2014年11月初版一刷

定　　價　新臺幣390元